新世纪电气自动化系列精品教材

CAD/CAM 应用技术

（第 3 版）

主　　编　顾雪艳　缪德建

副 主 编　于磊磊　季　鹏　吴金文

　　　　　王　坤　王　刚

参　　编　赵艺兵　徐有峰　万慧雯

　　　　　董　彪　李警仁　张　帆

U0379904

东南大学出版社

SOUTHEAST UNIVERSITY PRESS

·南京·

内容提要

CAD/CAM(计算机辅助设计和制造)技术已经在很多行业广泛应用,不仅提高了设计效率和产品制造精度,更是促进了当今制造业和相关行业生产模式的改变。

本教材以 UG 软件为例,从基础知识的导入到工程应用实例举例,深入浅出地介绍了 CAD/CAM 软件的用法,可以帮助读者循序渐进地学习、掌握和提高。

本书结构合理,知识全面,可读性好,实例的可操作性和专业应用性较强,可作为高等院校数控技术应用、机械制造及其自动化、模具设计、材料成型等专业的教材,也可作为职业技术学院和广大机械专业设计制造人员学习 CAD/CAM 软件的自学教材和参考指导书。

图书在版编目(CIP)数据

CAD/CAM 应用技术 / 顾雪艳,缪德建主编. — 3 版
. — 南京 :东南大学出版社,2022.12
ISBN 978 - 7 - 5766 - 0486 - 3

Ⅰ.①C… Ⅱ.①顾… ②缪… Ⅲ.①计算机辅助设计
②计算机辅助制造 Ⅳ.①TP391.7

中国版本图书馆 CIP 数据核字(2022)第 231552 号

责任编辑:朱 珉　　责任校对:子雪莲　　封面设计:王 玥　　责任印制:周荣虎

CAD/CAM 应用技术(第 3 版)
CAD/CAM YingYong Jishu (Di-san Ban)

主 编	顾雪艳 缪德建	
出版发行	东南大学出版社	
社 址	南京市四牌楼 2 号 邮编:210096 电话:025 - 83793330	
网 址	http://www.seupress.com	
电子邮箱	press@seupress.com	
经 销	全国各地新华书店	
印 刷	南京玉河印刷厂	
开 本	787mm×1092mm 1/16	
印 张	21.25	
字 数	621 千字	
版 次	2022 年 12 月第 3 版	
印 次	2022 年 12 月第 1 次印刷	
书 号	ISBN 978 - 7 - 5766 - 0486 - 3	
定 价	68.00 元	

本社图书若有印装质量问题,请直接与营销部联系,电话:025 - 83791830。

第 3 版前言

近几年在世界范围内掀起了一股制造业回归的浪潮，各国都鼓励制造业的发展，以保证就业，以及促进国内各行业的发展。制造业是国民经济的主体，是立国之本、兴国之器、强国之基。《中国制造 2025》是我国实施强国战略第一个十年行动纲领，要实现制造强国的战略目标，必须提高制造业创新能力，大力推动重点领域的技术突破。

开发基础制造装备及集成制造系统，加快实现产业化，加强建设用户产品设计和工艺验证能力，离不开计算机辅助设计与制造软件。而当今世界最为流行、优秀的 CAD/CAM 软件之一——UG 软件是 Siemens PLM Software 公司出品的一个优秀的产品工程解决方案，它为用户的产品设计及加工过程提供了数字化造型和验证手段。Unigraphics NX 针对用户的虚拟产品设计和工艺设计的需求，提供了经过实践验证的解决方案。

本书从 CAD/CAM 的基础知识，浅入易懂地介绍 CAD/CAM 技术。UG 软件的操作从基本菜单开始，通过基础模块讲解，从简单例子到综合实例理解建模、分模、加工操作方法和操作技巧，书中使用了大量图片，形象地解说建模和加工过程，附有一定数量且实用的练习图，以便于读者操作练习和对概念的理解。

在教材编排结构上，第 1、2 章首先介绍基本概念，第 3 章介绍与 CAM 相关的工艺知识，第 4～9 章介绍 UG 的草图、曲线、实体、曲面的指令用法和基本建模方法，第 10 章是操作实例，第 11、12 章介绍 UG 的 CAM 加工，第 13 章介绍车削加工的自动编程方法，第 14 章介绍 CAD/CAM 在模具加工中的应用。

本书由南京工程学院顾雪艳和缪德建任主编，南京交通技术学院于磊磊、三江学院季鹏，江苏农牧科技职业学院吴金文、南京工程学院王坤、南京技师学院王刚担任副主编，南京正德学院马金平老师负责审稿，南京工程学院赵艺兵、徐有峰、万慧雯、董彪、李警仁、张帆担任参编，在此表示衷心的感谢。

由于本书编写时间仓促，作者水平有限，因此书中难免有疏漏和不足，望广大读者不吝赐教，提出宝贵意见。

编 者

2022 年 3 月

目 录

1 CAD/CAM 技术概述 ……………………………………………………… (1)

1.1 CAD/CAM 基本概念 ……………………………………………………… (1)

1.2 CAD/CAM 的硬件系统 …………………………………………………… (2)

 1.2.1 CAD/CAM 系统的硬件种类 ……………………………………… (2)

 1.2.2 CAD/CAM 系统的硬件与信息流程 ……………………………… (3)

1.3 CAD/CAM 的软件系统 …………………………………………………… (5)

 1.3.1 软件系统 …………………………………………………………… (5)

 1.3.2 应用软件 …………………………………………………………… (6)

 1.3.3 数据库及其建立 …………………………………………………… (6)

2 CAD/CAM 应用基础 ………………………………………………… (8)

2.1 模型 ………………………………………………………………………… (8)

2.2 内部模型 …………………………………………………………………… (9)

2.3 产品模型 …………………………………………………………………… (9)

2.4 模型的表达 ………………………………………………………………… (10)

 2.4.1 线框模型 …………………………………………………………… (10)

 2.4.2 曲面模型 …………………………………………………………… (11)

 2.4.3 实体模型 …………………………………………………………… (12)

2.5 从设计向制造的信息传递 ………………………………………………… (13)

3 数控加工工艺知识 …………………………………………………… (15)

3.1 数控加工工艺内容及特点 ………………………………………………… (15)

 3.1.1 数控加工工艺的主要内容 ………………………………………… (15)

 3.1.2 数控加工工艺的特点 ……………………………………………… (15)

 3.1.3 数控加工的特点和适应性 ………………………………………… (16)

 3.1.4 数控机床的选用 …………………………………………………… (18)

 3.1.5 数控加工的工艺文件 ……………………………………………… (19)

3.2 机械加工工艺基础 ………………………………………………………… (20)

 3.2.1 机械加工工艺过程的基本概念 …………………………………… (20)

 3.2.2 机械加工工艺规程 ………………………………………………… (21)

 3.2.3 夹具概述 …………………………………………………………… (25)

3.3　数控加工路线设计 ……………………………………………………… (26)

3.3.1　加工阶段的划分 ……………………………………………… (26)

3.3.2　加工工序的划分 ……………………………………………… (27)

3.3.3　工序集中与分散 ……………………………………………… (28)

3.3.4　进给路线的确定 ……………………………………………… (29)

3.4　数控加工的工序设计 …………………………………………………… (33)

3.4.1　工件装夹与夹具选择 ………………………………………… (33)

3.4.2　刀具与切削用量选择 ………………………………………… (37)

习题 …………………………………………………………………………… (43)

4　UG 软件基本操作 ……………………………………………………… (44)

4.1　UGNX 界面初步认识 …………………………………………………… (44)

4.1.1　命令菜单栏 …………………………………………………… (47)

4.1.2　工具栏 ………………………………………………………… (49)

4.2　基本操作 ………………………………………………………………… (51)

4.2.1　鼠标与键盘的操作 …………………………………………… (51)

4.2.2　模型的显示 …………………………………………………… (51)

4.2.3　图层操作 ……………………………………………………… (53)

4.2.4　点构造器 ……………………………………………………… (53)

4.2.5　坐标系构造器 ………………………………………………… (55)

4.2.6　基准轴 ………………………………………………………… (56)

5　创建草图 ………………………………………………………………… (60)

5.1　草图任务环境 …………………………………………………………… (60)

5.2　创建草图 ………………………………………………………………… (62)

5.2.1　产品零件一般设计过程 ……………………………………… (62)

5.2.2　明确设计意图 ………………………………………………… (62)

5.2.3　设定工作层和预设置 ………………………………………… (62)

5.2.4　草图样式 ……………………………………………………… (63)

5.2.5　指定草图平面 ………………………………………………… (63)

5.2.6　构建草图曲线 ………………………………………………… (65)

5.3　草图约束 ………………………………………………………………… (79)

5.3.1　基本概念 ……………………………………………………… (79)

5.3.2　尺寸约束 ……………………………………………………… (80)

5.3.3　几何约束 ……………………………………………………… (81)

6　**创建曲线** ·· (84)

　6.1　曲线 ·· (85)

　　6.1.1　直线 ··· (85)

　　6.1.2　圆弧/圆 ·· (86)

　　6.1.3　直线和圆弧 ·· (87)

　　6.1.4　抛物线 ··· (92)

　　6.1.5　双曲线 ··· (93)

　　6.1.6　一般二次曲线 ··· (94)

　　6.1.7　螺旋线 ··· (99)

　　6.1.8　规律曲线 ··· (100)

　　6.1.9　表面上的曲线 ··· (102)

　　6.1.10　艺术样条 ··· (103)

　6.2　派生曲线 ·· (104)

　　6.2.1　偏置 ··· (104)

　　6.2.2　在面上偏置 ·· (104)

　　6.2.3　偏置 3D 曲线 ··· (105)

　　6.2.4　桥接 ··· (106)

　　6.2.5　圆形圆角曲线 ··· (108)

　　6.2.6　简化 ··· (110)

　　6.2.7　投影 ··· (110)

　　6.2.8　组合投影 ··· (112)

　　6.2.9　镜像 ··· (113)

　　6.2.10　缠绕/展开曲线 ·· (113)

　　6.2.11　相交 ··· (114)

　　6.2.12　等参数曲线 ··· (115)

　　6.2.13　截面 ··· (116)

　　6.2.14　抽取虚拟曲线 ··· (116)

7　**实体建模** ·· (118)

　7.1　基准特征 ·· (118)

　7.2　设计特征 ·· (126)

　　7.2.1　拉伸 ··· (126)

　　7.2.2　旋转 ··· (130)

　　7.2.3　孔 ··· (132)

　　7.2.4　凸起 ··· (134)

　　7.2.5　偏置凸起 ··· (135)

7.2.6 槽(圆周槽) ………………………………………………………… (136)

7.2.7 筋板 ………………………………………………………………… (138)

7.2.8 螺纹 ………………………………………………………………… (140)

7.2.9 基本实体 …………………………………………………………… (141)

7.3 关联复制 ……………………………………………………………… (143)

7.3.1 抽取几何特征 ……………………………………………………… (143)

7.3.2 阵列特征 …………………………………………………………… (145)

7.3.4 镜像几何体 ………………………………………………………… (147)

8 创建曲面 ………………………………………………………………… (148)

8.1 网格曲面 ……………………………………………………………… (148)

8.1.1 通过曲线组 ………………………………………………………… (148)

8.1.2 通过曲线网格 ……………………………………………………… (150)

8.1.3 艺术曲面 …………………………………………………………… (152)

8.1.4 N 边曲面 …………………………………………………………… (153)

8.2 扫掠 …………………………………………………………………… (154)

8.2.1 扫掠 ………………………………………………………………… (154)

8.2.2 样式扫掠 …………………………………………………………… (156)

8.2.3 沿引导线扫掠 ……………………………………………………… (157)

8.2.4 变化的扫掠 ………………………………………………………… (158)

8.2.5 管 …………………………………………………………………… (160)

8.3 弯边曲面 ……………………………………………………………… (160)

8.3.1 规律延伸 …………………………………………………………… (160)

8.3.2 延伸 ………………………………………………………………… (161)

8.3.3 轮廓线弯边 ………………………………………………………… (161)

9 实体与曲面特征操作 ……………………………………………………… (163)

9.1 组合 …………………………………………………………………… (163)

9.1.1 合并 ………………………………………………………………… (163)

9.1.2 减去 ………………………………………………………………… (163)

9.1.3 相交 ………………………………………………………………… (163)

9.2 修剪 …………………………………………………………………… (164)

9.2.1 修剪体 ……………………………………………………………… (164)

9.2.2 拆分体 ……………………………………………………………… (165)

9.2.3 修剪片体 …………………………………………………………… (166)

9.2.4 修剪与延伸 ………………………………………………………… (166)

9.2.5 取消修剪 …………………………………………………………… (167)

9.2.6　分割面 ……………………………………………………………… (168)

9.3　偏置/缩放 ……………………………………………………………… (169)

9.3.1　抽壳 …………………………………………………………………… (169)

9.3.2　加厚 …………………………………………………………………… (170)

9.3.3　缩放体 ………………………………………………………………… (171)

9.3.4　偏置曲面 ……………………………………………………………… (171)

9.3.5　偏置面 ………………………………………………………………… (172)

9.4　细节特征 ……………………………………………………………… (173)

9.4.1　边倒圆 ………………………………………………………………… (173)

9.4.2　面倒圆 ………………………………………………………………… (175)

9.4.3　样式倒圆 ……………………………………………………………… (176)

9.4.4　桥接 …………………………………………………………………… (177)

9.4.5　倒斜角 ………………………………………………………………… (178)

9.4.6　拔模 …………………………………………………………………… (179)

9.4.7　拔模体 ………………………………………………………………… (181)

10　建模操作实例 …………………………………………………………… (182)

10.1　手机模型建模 ………………………………………………………… (182)

10.2　旋钮建模 ……………………………………………………………… (189)

10.3　波轮建模(外形复杂先创建曲面,加厚生成实体) ………………… (195)

10.4　小车外壳建模 ………………………………………………………… (200)

10.5　香皂模型建模 ………………………………………………………… (208)

10.6　3D打印零件建模 ……………………………………………………… (212)

习题 …………………………………………………………………………… (217)

11　二维加工 ………………………………………………………………… (226)

11.1　UG CAM加工基本流程 ……………………………………………… (226)

11.2　UG CAM加工环境和工作界面 ……………………………………… (227)

11.3　基本操作 ……………………………………………………………… (230)

11.4　平面铣概述 …………………………………………………………… (241)

11.5　操作示例1 …………………………………………………………… (242)

11.6　操作示例2 …………………………………………………………… (247)

11.7　操作示例3 …………………………………………………………… (249)

12　三维加工 ………………………………………………………………… (253)

12.1　概述 …………………………………………………………………… (253)

12.2　饭盒加工举例 ………………………………………………………… (260)

12.3 旋钮加工举例 ……………………………………………………… (265)

12.4 波轮模具的模芯加工举例 ………………………………………… (270)

13 车削加工 ……………………………………………………………… (279)

13.1 外圆车削加工 ……………………………………………………… (279)

13.1.1 车削建模 …………………………………………………… (279)

13.1.2 车削加工 …………………………………………………… (280)

13.2 内孔车削加工 ……………………………………………………… (288)

13.3 外圆割槽加工 ……………………………………………………… (295)

14 CAD/CAM 在模具制造中的应用 ………………………………… (298)

14.1 模具制造概述 ……………………………………………………… (298)

14.2 模具制造分析 ……………………………………………………… (299)

14.2.1 模具设计制造的特点 ……………………………………… (299)

14.2.2 传统模具生命周期的分析 ………………………………… (300)

14.2.3 CAD/CAM 在模具制造中的应用 ………………………… (302)

14.3 工业生产中模具的分类 …………………………………………… (303)

14.4 模具制造过程 ……………………………………………………… (308)

14.4.1 一般模具生产过程 ………………………………………… (308)

14.4.2 通常的模具加工方法 ……………………………………… (309)

14.4.3 模具材料和热处理 ………………………………………… (309)

14.4.4 UG 加工模具的一般流程 ………………………………… (310)

14.4.5 波轮模型分模操作举例 …………………………………… (311)

14.4.6 手机模型分模操作举例 …………………………………… (315)

附录 常用切削用量表 ………………………………………………… (322)

参考文献 ………………………………………………………………… (327)

1 CAD/CAM 技术概述

1.1 CAD/CAM 基本概念

CAD/CAM 是计算机辅助设计/计算机辅助制造(Computer Aided Design/Computer Aided Manufacturing)的简称。其核心是利用计算机快速高效地处理各种信息,进行产品的设计与制造,它彻底改变了传统的设计、制造模式,利用现代计算机的图形处理技术、网络技术,把各种图形数据、工艺信息、加工数据,通过数据库集成在一起,供大家共享。信息处理的高度一体化,支撑着各种现代制造理念,是现代工业制造的基础。

CAD 以计算机图形处理学为基础,帮助设计人员完成数值计算、实验数据处理、计算机辅助绘图,进行图形尺寸、面积、体积、应力、应变等的计算和分析,即高效、优化地进行产品设计。

CAM 是指使用计算机辅助制造系统模拟、优化产品加工过程,并利用数控机床加工以及装配出产品(或监控生产过程)的技术。

把 CAD/CAM 作为一个整体来考虑,从产品设计开始到产品检验结束,贯穿于整个过程,可以取得明显的效果。CAD/CAM 与传统的制造模式相比有以下的优点:

(1) 能使个人技能、技巧等模拟量信息数字化,实现社会化共享。

(2) 能使各工序信息共享、数值基准统一,便于推行整个工程的标准化。

(3) 能够改变系统的顺序排列作业,进行并行化作业。

在制造业中使用 CAD/CAM 技术能提高产品质量,降低产品成本,缩短生产周期。近年来数控机床的普及以及 CAD/CAM 技术的快速推广,促进了我国制造业设备的更新换代,加强了我国产品在国际市场上的竞争力。在贸易全球化的趋势下,积极推广 CAD/CAM 技术,有利于我国企业加速融入全球的竞争机制。CAD/CAM 技术在机械制造方面的功能可用框图 1.1 表示。

图 1.1 CAD/CAM 功能框图

① 产品设计:是指从产品意图设计开始到三维实体造型,设计装配图和详细的零件图,强度校核、运动学分析,以及动态干涉检查等的过程。

② 工艺设计(虚拟制造):根据所设计的产品类型、特征、外形、材料等,选择不同的加工方式,根据加工条件,设定加工路线,确定工艺参数和切削用量,生成刀具路径。仿真实体切削加工过程,根据仿真结果,修改工艺参数和切削用量重新仿真,直至达到最佳效果。最后生成加工程序。

近年来制造企业都已采用 CAD/CAM 技术,但由于采用不同厂家的软件,导致使用不同软件的厂家之间从工程图到三维实体图的重复造型工作,且企业内部网络化普及不够完善,所以单一数据库方式的数据共享有待进一步普及。理想化的 CAD/CAM 一体化模式如图 1.2 所示。

图 1.2　单一数据库系统的理想模式

所有的 CAD/CAM 功能都与一个公共数据库相连,应用程序使用公共数据库的信息,实现产品设计、工艺规程编制、生产过程控制、质量控制、生产管理等产品生产全过程的信息集成。UG 软件就是使用单一数据库最好的软件之一。

1.2　CAD/CAM 的硬件系统

本节介绍 CAD/CAM 系统的硬件种类及构成、信息流程及硬件的要求和规格。

1.2.1　CAD/CAM 系统的硬件种类

下面简单介绍系统的硬件种类,如图 1.3 所示。

1) 终端型

终端型硬件系统以大型计算机为核心。如当大型汽车厂家进行冲击、震动等结构分析时,把条件设计成与实际非常接近,计算量便会很大,就需要采用这种高速的计算机。

2) 网络型

网络型硬件系统充分发挥 EWS(工作站)的网络功能,作业分散化,能把直列作业状态变为并列作业状态,实现作业效率的提高,即同一时刻可以完成多个工作。该类型是主流型式。许多厂家都采用这种型式,以 EWS 为主,带多个终端,用于产品零件及模具的设计和生产。

图 1.3 常见的硬件种类

3）台式型

EWS 初期为台式型,看上去与 PC 机相同,不但轻巧,而且运算速度相当高。但用的是 RISC CPU,图形是高分辨率的,有独立的图形用 CPU。随着计算机技术的快速发展,计算机的性能,特别是 PC 机（个人计算机）的性能得到了大幅度提高,已完全达到了早期 EWS 的性能。

1.2.2 CAD/CAM 系统的硬件与信息流程

1）CAD/CAM 系统的硬件组成

以往一直是以大、中型计算机作为控制系统,并从中枢延伸出许多终端的方式为主流。由于计算机技术性能的大幅提高,网络化、小型化、分散化将成为发展的主流,EWS（或微机）将代替大型计算机,如图 1.4 所示。系统的核心部分是 EWS,把它作为上位机,依靠网络与下位机连接。下位机进行 CAM 和计算机辅助测量（Computer Aided Testing，CAT）,也可进行工艺管理或生产管理及进行 DNC（群控）控制。EWS 的数值信息通过光缆网络传送给数控机床,加工所需的模具和零件。当有实体模型时,用 NC（数控）仿形机床作为 CAD 输入,把形状数据送入 EWS,实现高效率的 CAD 输入。在检验工序中,把 CAD 信息与三坐标测量仪测得的数据进行比较,组成了理想的单一数据库数据系统,并通过光缆网络连接在一起。其中作为 EWS 的计算机台数及机床台数,则根据企业的规模作相应的增减。在图 1.4 中有两台 EWS,一台为管理系统的服务器,另一台为 EWS 主机,其他计算机作为分机。通常所指的 CAD/CAM 系统可细分为 CAD/CAE/CAM/CAT，如图 1.5 所示。

图 1.4　CAD/CAM 硬件组成示例

图 1.5　CAD/CAM 系统构成及信息流程

2) 硬件上的信息流程

图 1.5 中的信息流程为:在 EWS 上进行 CAD,利用 CAD 信息进行计算机辅助分析(Computer Aided Engineering, CAE),在 CAM 上生成适合各种 NC 机床的加工信息,然后分别在相应工序所需的 NC 机床上加工,最后由 CAT 检验 CAM 加工出的模具及产品。

对于三维模具的制造,其过程为:先用 CAD 进行产品的意图设计、产品设计、模具设计、三视图制图。有实体模型的用数据采集器读取形状数据。接着对 CAD 绘制的几何图形数据进行 CAE,包括分析尺寸、应力、应变等,验证设计的合理性。之后,以 CAD 中的数据作为基础,确定加工方法,设定加工区域、加工刀具、走刀路径等,即根据加工机床的不同及加工条件的不同生成符合实际情况的粗、精加工用刀具路径,以及确认是否有刀具干涉,残余量大小是否合适等。

将模具或产品制作的信息在 CAM 中数字化,再把它送给数控机床或加工中心进行加工。机外对刀装置把测量出的刀具直径、长度以及磨损情况,通过串行口送给 CAM 的刀具管理系统,在 CAM 的刀具管理中起作用,刀具管理系统的合理使用能减少辅助时间,提高生产效率。

用三坐标测量仪测量已加工的产品、模具,将测得的数据与设计模型的信息进行比较,若有差异,则可返回到 CAD,对模型进行分析,寻找原因。有时可能还要重新审核设计思路,对原有信息进行修改,经过反复的修正、编辑之后,再送入到 CAM 中。

设计人员通过比较实测数据和设计数据,审核已加工好的产品,也能够评价 CAM 中的加工方法。图 1.4 中系统的组成是把 EWS 作为主机,其他计算机作为分机,用网络把它连接在一起。通过网络,依靠 EWS,就能进行高速分散化处理,不仅能实现 CAM 功能,而且容易实现包含工艺管理在内的 FA(Factory Automation)环境。

1.3 CAD/CAM 的软件系统

1.3.1 软件系统

CAD/CAM 系统可以采用多种语言设计,应用较多的为 C、C++、PROLOG、FOR-TRAN 等。以前的工作站硬件占整个系统经济价值的主要部分,而现在软件系统在 CAM 中占有越来越重要的地位。目前 CAM 系统的性能主要由软件决定。

系统软件管理和控制计算机的各部分运行,充分发挥各设备的功能,提高了效率,为用户提供便利的操作环境。为了开发、销售的便利,软件系统被设计成模块化。它主要包括操作系统、程序设计系统和服务程序三大模块。

(1) 操作系统:常用的有 WIN 视窗操作系统、UNIX 操作系统和 NT 操作系统。

(2) 程序设计系统:主要包括各种程序设计语言的语言处理系统及程序处理系统。如:连接程序、装入程序、错误诊断及程序编辑等。

(3) 服务程序:主要包括数据转换、程序存档和程序管理,还包括监控系统和诊断系统。

1.3.2　应用软件

应用软件是面向某一应用领域而设计的程序包,是由 CAD/CAM 系统生产厂家或 CAD/CAM 软件开发公司提供的。一般包括图形处理软件、几何造型软件、有限元分析软件、优化设计软件、动态仿真软件、数控加工软件以及检测与质量控制软件等,也包括针对某一特定任务而设计的软件包。只有配备了这些应用软件之后,CAD/CAM 系统才能具备相应的功能,所以应用软件是 CAD/CAM 的主干部分。数据库系统既可看作系统软件,也可看作应用软件,这取决于数据库系统的应用环境。

1.3.3　数据库及其建立

数据库系统一般是由数据库和数据库管理系统(Data Base Management System, DBMS)所构成。数据库管理系统可为用户提供管理和操作数据的功能,其中包括建立、输入数据,并对其进行查询、运算、更改和打印。它允许用户直接使用数据,而不必了解数据信息在其内部的存储细节。在数据库管理系统的集中管理下,数据和文件都具有较高的独立性,解决了数据的完整性和安全性的问题,为实现多用户的数据共享建立了良好的环境。

目前,国内外开发了许多通用数据库系统,比较著名的有:Oracal 公司的用于微机的 dBASE-Ⅱ、dBASE-Ⅳ、FOXBASE 系统,IBM 公司的 IMS 系统等。根据其应用领域的不同,数据库系统一般分为商用数据库系统和工程数据库系统。CAD/CAM 一般使用工程数据库中的数据,其数据库管理系统称为工程数据库管理系统(Engineering Data Base Management System,EDBMS)。CAD/CAM 系统的数据库与普通数据库相比,所存储的数据不仅量大,而且形式多样、关系复杂、动态性强。它除了要处理表格数据、曲线数据、函数数据和文字信息以外,还需要处理大量的图形数据。另外,它还支持交互操作,即能满足在 CAD/CAM 系统工作过程中的信息交互和数据修改等方面的要求。

CAD/CAM 系统及其应用环境对 EDBMS 的特殊要求可归纳为以下几个方面:

(1) 数据模式的动态性:随着设计过程的扩展不断地变化扩充。

(2) 交互式的用户接口:设计者要随时控制和操纵整个设计过程,因此要求 EDBMS 能提供一种灵活的、对话式的操作手段,即交互式作业方式,并要求系统作出快速、实时的响应。

(3) 多用户工作环境:一个大规模的工程需要许多设计人员分工协作,所以,EDBMS 的多用户环境是不可缺少的。而且还要提供多用户协调工作的条件,并保证各类数据的语义一致。

(4) 数据类型的多释义性:不仅能表示字符,还要能支持描述各种规范、标准以及图形信息,并能提供方便、灵活的操作和显示。

(5) 支持造型系统和多种表达模式:CAD/CAM 材料数据库主要包括两个方面:一方面是供设计者使用的各种材料的特性数据;另一方面是各种刀具材料对各种零件加工的加工数据,这是一种与工艺有关的信息。由于其加工情况复杂,如① 加工材料很多;② 切削加工方法很多,各种加工方法又分为粗加工、半精加工、精加工等;③ 切削刀具材料种类繁多,有多种硬质合金材料、陶瓷材料,又有多种高速钢材料等;④ 润滑条件对刀具的耐用度也有影响。因此,建立这种材料库的难度很大,需进行工件、刀具材料的各项综合试验,再把得到的数据送到工业部门试用,并与工业部门多年积累的数据综合,然后提供给数据库,还需要花费大量的人力、物力和财力。

2 CAD/CAM 应用基础

2.1 模型

CAD/CAM 是以计算机图形处理为基础的。当一名熟练的操作人员,在制造"简单产品"时,他的脑子里就应该有要制作的模型,不需要图纸都能制造。如果是工业产品,就无法参照那样的无形模型,必须进行设计作业,把实体设计成信息化的图纸,根据图纸加工零件。其意义为:图纸就是制作对象物的模型描述。但模型只表达了实体的一个方面,根据不同的目的,需要各种不同的模型来表达,所以需绘制相应的图纸。

工业图纸是按标准规定绘制的,使用对象是能够理解其标准的人。所以迄今为止设计图纸的画法或标记完全是依赖人的意识和推理能力。图纸制作及其理解就是设计制造中的信息生成和处理,这时图纸的绘制者必须明确要制造的对象才行,如果看图的人不能具体地理解图纸要表达的对象,他就不能读懂图纸。所以根据设计人员的理解程度(换句话说,在他的头脑里能够形成怎样的内部模型)的不同,作业的质量也有所不同。

计算机不可能像人一样智能地理解图纸,把握目的,独立地设计图纸。为此,在传统的以图纸为中心的设计方式中,计算机的作用仅限于接受用来制图的准备数据、指令并进行绘图,以及接受人解释的制作图纸的数据。

可是,如果计算机能根据人的指示,与人理解图纸一样制作信息、进行作业,那么计算机就能针对设计的对象,制作、处理信息。

图纸信息计算机化,不仅仅是编制绘图的程序,还必须在计算机内部存在规定的要制作对象的信息以及能够处理要制作对象的程序作为前提。将制作对象的信息和对其进行处理的程序称为设计对象的内部实体模型。

如果有程序能从模型中自动抽出必要(关键)信息,这样根据内部实体模型就能够生成工程图、说明图、装配图、分解图,就可以进行各种设计计算,并模拟制造过程、NC 加工以及进行机械装配等。

人机对话图解:因为计算机内部的信息处理过程设计人员是不清楚的,想要生成、处理外部实体模型,必须使应答可视化,只有在计算机接受图形的情况下,才能实施。因此,人机交互式绘图很有必要。必须把内部实体模型转化成人能理解的外部模型形式进行显示,并且人能对其进行操作,才能得到相应的结果。所以计算机图形处理系统需要配备优秀的图形界面。

随着科技的发展,通过网络与他人协同设计也将成为现实,在显示器界面上设计时,利用图形及图像的超级多媒体功能就能调出设计人员关心的详细信息,在可视化显示设计对象的工作过程、部件装配的情况下,完成产品的性能、外观设计。设计人员设计时可以对操作进行确认,所以,设计人员既可在线直接从数据库中取出与设计关联的信息来使用,又可与他人包括制造关联人员协同讨论设计对象,所以它将改变设计方法和设计质量。

2.2　内部模型

CAD/CAM 的目标是使机械零件的制造及装配自动化,使汽车车体、家电用品等外形工艺设计、分析、制造自动化。

为了利用计算机作图,由设计人员编写命令让机器代替圆规和直尺来移动笔绘图,但仅仅有绘图的程序移动笔和向 CRT 的显示缓冲面中写入画面的图素数据,计算机是不能绘制出图形的,这是因为计算机内部不存在图形的模型。要使计算机实现以上功能至少要在计算机内部存储用语言描述的图形要素以及它们之间的关系,即必须给计算机制作图形模型。

为了直观地进行上述操作,须使用计算机图形交互式输入手段,通过操作菜单、对话框进行零件的显示、选择并输入数据,最后在显示器上合成图形。与此对应的在计算机内部对图纸进行描述的程序就是内部模型。通过解释内部模型并在画面上进行图形显示。计算机要把立体图(投影显示在屏幕上的)解释成立体,必须制作内部模型,这种详细的描述相当麻烦。所以要使用与绘图时相同的交互手段,利用坐标变换、空间移动功能,在显示器上进行基本立体的组合、变形处理操作,合成出想要得到的立体。至此,由软件在计算机内部生成实体的特征模型。画面上的立体图不是内部特征模型的直接输出,是要经过以下处理,用假想的照相机拍摄立体的特征模型,生成二维信息的特征模型,再用图形处理命令输出二维特征模型。实体模型各部分附属的技术信息必须由设计人员输入。

形状模型是计算机内部描述和处理的对象,进行模型的构建和处理,对模型各部分的几何信息以及它所附加的非几何信息的提问给出合适的回答。首先用于内部描述到外部显示处理的转换,再用于设计时提供对象的体积、惯性、应力、刚性、热传导等等各种计算的数据,管理和控制工艺设计、日程制作、数控加工、装配、检查等。当机器人进行装配、检查时,除了需制造对象的形状模型以外,还要求增加特征模型占有空间的信息,快速发现物体相互干涉的部位,以及可能冲突的地方。这是因为计算机内部制作的模型不仅是制作对象,而且需要了解制作方的机械。随着制造过程自动化范围的扩大,根据计算机内部模型,进行制造、装配模拟测试,如果测试合格,则模拟用的指令就能用于实际作业。

2.3　产品模型

在理想的一体化 CAD/CAM 中,一旦给出产品要求,在概念设计的支持下,经过假设的产品设计过程制作产品规格,用多个设计方案验证产品概念,据此进行设计、制作产品。根据前面的设计制定产品基本计划,经过详细设计把产品信息传送给生产设计部门。制定出生产工艺框架,接着按工序制作详细的作业顺序,希望以后的工序"忠实"地执行所制定的指令直至产品最后完成。把这个作为目标就是模型化。包含产品和产品必要信息的模型就是产品模型。随着 CAD/CAM 的发展,产品模型有待继续开发。

上述 CAD/CAM 过程并不完全是自动化的,计算机是辅助的,人是主角。重要的是计算机能接受生成的信息。

产品模型处理的信息范围有如下几项:

(1) 制造对象:① 设计对象信息的生成与管理(支持系统和数据的接受)。② 对象的特征描述(三视图中标准的信息:形状、尺寸、公差;形状特征:表面精加工、材料及装配等的约束条件)。③ 生产准备信息(工序、作业、原材料、使用机械等)。④ 管理信息。

(2) 制造过程:设计顺序、生产准备顺序。

(3) 制造资源:设计关联数据、生产设备。

(4) 质量保证:产品检查的对象和方法。

传统的制造对象以基准形状为主,就其信息而言,希望上述几项能自动处理、检验,但在方法上,是否需要人介入,这要根据与装配相关的模型间的约束条件处理的自动化程度来定。不论人是否介入,重要的是向后面传递的信息要正确无误。

2.4　模型的表达

在 CAD 系统中,计算机内部存放的三维几何体称为几何模型。模具设计和制造中通常使用的几何模型有:"线框模型"、"曲面模型"、"实体模型"三种,它们在计算机内部所占存储空间"线框模型"最小,"实体模型"最大。

2.4.1　线框模型

线框模型(Wire frame model)是以物体形状的轮廓、棱边或交线作为形状数据来描述物体的。在图 2.1 中,定义了 8 个三维空间点,图 2.2 是由这些点连成的线生成的立方体,该立方体就是用线条来表达立体的,所以称为线框模型。

图 2.1　立方体的 8 个空间点　　　　图 2.2　立方体的线框模型

该立方体在内存中存放的数据结构如图 2.3 所示,表 2.1 为 P1～P8 顶点对应的 8 个坐标值,表 2.2 为 12 条线与顶点的对应关系。

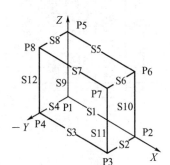

图 2.3 立方体各顶点及棱边

表 2.1 顶点与坐标值的对应表

顶点	坐标值		
	X	Y	Z
P1	0	0	0
P2	2.5	0	0
P3	2.5	−1	0
P4	0	−1	0
P5	0	0	2
P6	2.5	0	2
P7	2.5	−1	2
P8	0	−1	2

表 2.2 线与顶点的对应表

线	顶	点
S1	P1	P2
S2	P2	P3
S3	P3	P4
S4	P4	P1
S5	P5	P6
S6	P6	P7
S7	P7	P8
S8	P8	P5
S9	P1	P5
S10	P2	P6
S11	P3	P7
S12	P4	P8

像图 2.4(a)、(b)中所示的圆柱、圆锥等情况,除棱线以外没有轮廓线的多面体形状,用线框模型难以表达,即不清楚应该用怎样的棱线来形成侧面,所以需要添加图 2.4(c)所示的辅助线。

（a）圆柱   （b）圆锥   （c）加辅助线后

图 2.4 线框模型表达外形有时需要加辅助线

线框模型在计算机内部数据存放结构简单,计算机处理速度快,但形状所带的信息不完整,所以无法得到剖面图、消除隐蔽线和两个形体间的交线,不能计算出物体的体积、表面积、重量、重心等。

2.4.2 曲面模型

曲面模型(Surface model)是在三维物体线框模型的基础上再加进面的信息(数据),即把三维线框模型的物体表面定义成面。图 2.5 所示的立方体是线框模型加上 F1~F6 的 6 个面的信息,线与顶点的对应关系见表 2.3,面与线的对应关系见表 2.4。最简单的面是由多边形和圆形成的平面,其他有旋转面、球面、锥面以及复杂的自由曲面。自由曲面是绘制复杂曲面的主要手段,UG 中有:通过曲线组、网格曲面、扫掠曲面等。不论哪种面都带有方向的信息,由这些信息可以生成阴影线、截面轮廓线、相贯线等。曲面模型虽然边界得到了定义,但每个面都是单独存储,并未记录面与面之间的相邻的拓扑关系,没有表示实体在哪一侧的信息,即不明确边界面所包围的是实心体还是空洞。

图 2.5　面与点线的对应关系

表2.3　线与顶点的对应表

线	顶点	
S1	P1	P2
S2	P2	P3
S3	P3	P4
S4	P4	P1
S5	P5	P6
S6	P6	P7
S7	P7	P8
S8	P8	P5
S9	P1	P5
S10	P2	P6
S11	P3	P7
S12	P4	P8

表2.4　面与线的对应表

面	线			
F1	S1	S4	S3	S2
F2	S5	S6	S7	S8
F3	S1	S10	S5	S9
F4	S2	S11	S6	S10
F5	S3	S12	S7	S11
F6	S4	S9	S8	S12

2.4.3　实体模型

实体模型(Solid model)是在曲面模型的基础上,定义了曲面相互之间的位置关系,即实体在面的那一侧的信息。定义实体侧的方法主要有三种,即一点指定法、法线矢量指定法、包围面的棱线指定法。如图 2.6 所示。

在图 2.6 中,一点指定法是指定实体所在的内侧。法线矢量指定法是指法线矢量指向实体的内侧。包围面的棱线指定法是按右螺旋指向实体侧,指定棱线的顺序,就面 F1 而言,顺序为 S1、S4、S3、S2。

　　　（a）一点指定法　　　　　　（b）法线矢量指定法　　　　　（c）包围面的棱线指定法

图 2.6　实体侧的定义方法

（1）实体模型造型方法

主要有两种:CSG 法和 B-rep 法。

① CSG(Constructive Solid Geometry)结构实体造型表达法:使用立方体、圆柱体、圆锥体、四分之一圆柱体、倒圆角体等单一的基本实体进行和、差、残留共同部分的运算来表达复杂的形状,典型的基本实体如图 2.7 所示。

② B-rep(Boundary representation)实体边界表达法:用模型的面与面之间的边界来表达实体形状,即空间实体可以定义为被有限面包围而成,每个面都是由有限条边界围成的封闭域。

（a）圆柱体　　　（b）圆锥体　　　（c）倒圆角　　　（d）球体

（e）立方体　　　（f）倒斜角　　　（g）四面体

图 2.7　典型的基本实体

B-rep 表达法比 CSG 表达法麻烦一些,但边界表达法能清楚地表达出形体的面、边、点及其相互之间的关系。目前大多数几何造型系统都是以一种造型方法为主兼用另一种。

（2）特征建模（Feature modeling）:实体模型在几何造型上已经很完善,它不仅仅是几何形状的描述,还能提供产品开发整个周期所需的信息。几何模型再加上工艺设计中所需的其他信息:如加工特征、材料、公差和表面粗糙度等,就称为零件特征。特征造型将促进CAD/CAM 一体化的进程,实现工艺自动化。在零件设计时采用前述的具有某些使用功能和加工信息的形状特征进行组合、拼装,这样构建的模型称为特征模型,这种构造思维方式称为特征建模。

2.5　从设计向制造的信息传递

在理想情况下,设计人员对要制作的对象、要设计的相关东西都具有丰富的知识,参照所能利用的信息,在设计的各个阶段提出问题的解决方案并进行解答,从设计产品的功能和效率,制造和装配的经济性等观点出发,求得更好的解决方案,或结束其工序转向下一步,把设计工作进行下去。这些作业中有许多计算机辅助进行的作业——绘制图形和对图形进行计算,参照已有的图纸完成图纸的描述保存等。以往的 CAD 就是如此开发出来的。

从设计信息中取出生产准备、控制制造所必需的信息,并加以利用,从整体考虑 CAD 和CAM 是以准确描述信息的形式和保持其意义的一贯性为前提的,这样才能使信息流程多样化,才能对上述设计作业流程进行修改。

在产品制作的先期——设计过程中,要详细生成制造对象的信息,但没有必要把所有的制造信息都表达出来。这是因为设计人员不可能对制作的所有细节都了解,同时因制作环境的不同,细节上的信息也会有所不同,因此不可能在设计时都预先描述出来。

集成了这些设计信息的制造部门,有必要进行规划,首先做什么,怎样做,用什么手段,这就是设计规划。短期规划要进行材料清单的处理、生产计划及数控程序的编制等繁杂的工作;中期规划有成本和质量管理计划;长期规划应具有最优化的手段以及对其投资的计划。

在这些计划下决定由谁做、什么时间、用什么、做多少，这就是过程计划。根据这些总规划和阶段计划，执行作业管理，这就是过程管理。

实现设计一体化和生产系统的自动化，其前提是在计算机内部存在能代替图纸的内部模型且计算机能够理解并进行描述，生成总体规划和现阶段规划的软件组群。为实现这个目的，在计算机内部必须有程序能从零件图纸、装配图纸中取出特征信息和用作制造的信息。

图纸中记录的信息有：形状及其尺寸公差；位置公差；面的精加工；材料和材质；零件清单；有关技术方面的标准事项。

以上这些可以抽出或制成以下信息：公差分析；设计的完整性和管理的合理性；标准零部件的使用管理；装配作业的设计；制造过程的计划编制；数控加工、测量的程序编制。

从设计时生成的制造对象的内部模型本身，自动地导出总体规划、阶段规划。到现在为止，所有的 CAM 软件还不是很完善，也必须由人介入输入信息。生成内部实体模型时，即使是由人给模型的各部分输入与图纸相同的、与制造相关的信息，也必须能自动化解释。为了能够取出与工程设计相关的信息，将带有制造作业特征的领域和种类名的模型，叫做基本特征模型。一般自动抽取这样的特征，是以加工条件、使用工具的文件（名）中的信息为基础，生成工艺设计，或从类似的特征中，取出已存在的工艺设计加以修改。

设计作业中的信息的生成以及下游信息的利用，过去都是无重叠的顺序流程，现在采用单一数据库，使信息能自由传递，并有多个流向，不仅能同时协同作业，而且下游能解释上游决定的信息，进而能参照其数据进行作业。与此对应，在上游生成信息时，下游就能参照其数据，就可提高下游作业的自动化效率。

3 数控加工工艺知识

3.1 数控加工工艺内容及特点

3.1.1 数控加工工艺的主要内容

所谓数控加工工艺,就是用数控机床加工零件的一种工艺方法。

数控加工与普通机床加工在方法和内容上有许多相似之处,不同点主要在控制方式上。以机械加工中小批零件为例,在通用机床上加工,就某工序而言,有工步的安排、机床运动的先后次序、进给路线及相关切削参数的选择等方面,虽然也有工艺文件说明,但操作上往往是由操作人员自行考虑和确定的,而且是用手工方式进行控制的。在数控机床上加工时,将工艺信息全部记录在控制介质上,即原先在通用机床上加工时需要操作人员考虑和决定的内容及动作,制作成数码信息输入数控机床的数控装置,对输入信息进行运算和控制,并不断向伺服机构发送信号,伺服机构对信号进行转换与放大处理,然后由伺服电机通过传动机构驱动机床按所编程序进行运动,加工出所需要的零件。可见,数控加工编程是关键。但必须有编程前的数控工艺准备和编程后的善后处理。严格地说,数控编程也属于数控工艺的范畴。因此,数控加工工艺主要包括以下几方面的内容:

(1) 选择并确定需要进行数控加工的零件及内容。

(2) 进行数控加工工艺设计。

(3) 对零件图形进行必要的数学处理。

(4) 编写加工程序(自动编程时为源程序,由计算机自动生成目标程序——加工程序)。

(5) 按程序单制作控制介质。

(6) 对程序进行校验与修改。

(7) 首件试加工与现场问题处理。

(8) 数控加工工艺技术文件的编写与归档。

3.1.2 数控加工工艺的特点

数控加工与通用机床加工相比,在许多方面遵循基本相同的原则,在使用方法上也有很多相似之处。但由于数控机床本身自动化程度较高,设备费用较高,设备功能较强,使数控加工相应形成了如下几个特点:

(1) 数控加工的工艺内容十分明确而且具体:进行数控加工时,数控机床是通过接受数控系统的指令来完成各种运动,从而实现加工的。因此,在编制加工程序之前,需要对影响加工过程的各种工艺因素,如切削用量、进给路线、刀具的几何形状,甚至工步的划分与安排等——作出定量描述,对每一个问题都要给出确切的答案和选择,而不能像采用通用机床加工那样,在大多数情况下对许多具体的工艺问题,由操作人员依据自己的实践经验和习惯自行考虑和决定。也就是说,本来由操作人员在加工中灵活掌握并可通过适时调整来处理的许多工艺问题,在数控加工时就转变为编程人员必须事先具体设计和明确安排的内容。

(2) 数控加工的工艺工作相当准确而且严密:数控加工不能像通用机床加工时那样可以根据加工过程中出现的问题由操作人员自由地进行调整。比如加工内螺纹时,在普通机床上操作人员可以随时根据孔中是否挤满了切屑而决定是否需要退一下刀或先清理一下切屑,而数控机床是不可以的。所以在数控加工的工艺设计中必须注意加工过程中的每一个细节,做到万无一失。尤其是在对图形进行数学处理、计算和编程时,一定要准确无误。在实际工作中,一个字符、一个小数点或一个逗号的差错都有可能酿成质量事故,甚至重大机床事故。因为数控机床比同类的普通机床价格昂贵,其加工的往往也是一些形状比较复杂、价值也较高的工件,如果损坏零件会造成较大的经济损失,特别是当程序错误造成数控机床损坏时,就会造成严重的经济损失。

根据大量加工实例分析,数控工艺考虑不周和计算与编程时粗心大意是造成数控加工失误的主要原因。因此,要求编程人员除必须具备较扎实的工艺基本知识和较丰富的实际工作经验外,还必须具有耐心和严谨的工作作风。

(3) 数控加工的工序相对集中:一般来说,在普通机床上加工是根据机床的种类进行单工序加工。而在数控机床上加工往往是在工件的一次装夹中完成对工件的钻、扩、铰、铣、镗、攻螺纹等多工序的加工。这种"多序合一"的现象属于"工序集中"的范畴,特定情况下,在一台加工中心上可以完成工件的全部加工内容。

3.1.3　数控加工的特点和适应性

1) 数控加工的特点

由于数控加工的特点和数控机床本身的性能与功能,使数控加工体现出如下优点:

(1) 柔性加工程度高:在数控机床上加工工件,主要取决于加工程序。它与普通机床不同,不必配备许多工装、夹具等,一般不需要很复杂的工艺装备,也不需要经常重新调整机床,就可以通过编程把形状复杂和精度要求较高的工件加工出来。因此能大大缩短产品研制周期,给产品的改型、改进和新产品研制开发提供了有利条件。

(2) 自动化程度高,改善了劳动条件:数控加工过程是按输入的程序自动完成的,一般情况下,操作人员主要是进行程序的输入和编辑、工件的装卸、刀具的准备、加工状态的监测等工作,而不需要像手工操作机床那样进行繁重的重复性工作,体力劳动强度和紧张程度可以大大减弱,从而相应改善了劳动条件。

(3) 加工精度较高:数控机床是高度综合的机电一体化产品,是由精密机械和自动化控制系统组成的。数控机床本身具有很高的定位精度,机床的传动系统与机床的结构具有很高的刚度和热稳定性。在设计传动结构时采取了减少误差的措施,并由数控系统进行补偿,所以数控机床有较高的加工精度。更重要的是数控加工精度不受工件形状及复杂程度的影响,这一点是普通机床无法与之相比的。

(4) 加工质量稳定可靠:由于数控机床本身具有很高的重复定位精度,又是按所编程序自动完成加工的,消除了操作人员的各种人为误差,所以提高了同批工件加工尺寸的一致性,使加工质量稳定,产品合格率高。一般来说,只要工艺设计和程序正确合理,并按操作规程精心操作,就可实现长期稳定生产。

(5) 生产效率较高:由于数控机床具有良好的刚性,允许进行强力切削,主轴转速和进给量范围都较大,可以更合理地选择切削用量,而且空行程采用快速进给,从而节省了切削进给和空行程时间。数控机床加工时能在一次装夹中加工出很多待加工部位,既省去了通用机床加工时原有的一些辅助工序(如划线、检验等),同时也大大缩短了生产准备时间。由于数控加工一致性好,整批工件一般只进行首件检验,加工过程中抽检即可,从而节省了测量和检测时间。因此其综合效率比通用机床加工有明显提高。如果采用加工中心,则能实现自动换刀,工作台自动换位,一台机床上完成多工序加工,缩短半成品周转时间,生产效率的提高就更加明显。

(6) 良好的经济效益:改变数控机床加工对象时,只需重新编写加工程序,不需要制造、更换许多工具、夹具和模具,更不需要更新机床。又因为加工精度高,质量稳定,减少了废品率,使生产成本下降,生产率提高,这样节省了大量工艺装备费用,获得了良好的经济效益。

(7) 有利于生产管理的现代化:利用数控机床加工,可预先准确计算加工工时,所使用的工具、夹具、刀具可进行规范化、现代化管理。数控机床将数字信号和标准代码作为控制信息,易于实现加工信息的标准化管理。数控机床易于构成柔性制造系统(FMS),目前已与CAD/CAM有机地相结合。数控机床及其加工技术是现代集成制造技术的基础。

虽然数控加工具有上述许多优点,但还存在以下不足之处:

数控机床设备价格高,初期投资大,此外零配件价格也高,维修费用高,数控机床及数控加工技术对操作人员和管理人员的素质要求也较高。

因此,应该合理地选择和使用数控机床,才能提高企业的经济效益和竞争力。

2) 数控加工的适应性

数控机床是一种高度自动化的机床,有一般机床所不具备的许多优点,所以数控机床加工技术的应用范围在不断扩大,但数控机床这种高度机电一体化产品,技术含量高,成本高,使用与维修都有较高的要求。根据数控加工的优缺点及国内外的大量应用实践,一般可按适应程度将零件分为下列三类:

(1) 最适应数控加工零件类:① 形状复杂,加工精度要求高,用普通机床很难加工或虽然能加工但很难保证加工质量的零件。② 用数学模型描述的复杂曲线或曲面轮廓零件。③ 具有难测量、难控制进给、难控制尺寸的非敞开式内腔的壳体或盒形零件。④ 必须在一次装夹中合并完成铣、镗、铰或攻螺纹等多工序的零件。

(2) 较适应数控加工零件类:① 在通用机床上加工时极易受人为因素干扰,零件价值又高,一旦操作失误便会造成重大经济损失的零件。② 在通用机床上加工时必须制造复杂的专用工件安装的零件。③ 需要多次更改设计后才能定型的零件。④ 在通用机床上加工时需要做长时间调整的零件。⑤ 在通用机床上加工时,生产率很低或体力劳动强度很大的零件。

(3) 不适应数控加工零件类:① 生产批量大的零件(当然不排除其中个别工序用数控机床加工)。② 装夹困难或完全靠找正定位来保证加工精度的零件。③ 加工余量很不稳定的零件,且在数控机床上无在线检测系统用于自动调整零件坐标位置。④ 必须用特定的工艺装备协调加工的零件。

综上所述,对于多品种小批量、结构较复杂、精度要求较高的零件,需要频繁改型的零件,价格昂贵、不允许报废的关键零件和需要最小生产周期的急需零件要采用数控加工。

图 3.1 表示用普通机床、数控机床和专用机床加工的零件批量数与综合费用的关系。

图 3.2 表示零件复杂程度及批量大小与机床的选用关系。

图 3.1　零件加工批量与综合费用关系　　　**图 3.2　数控机床复杂程度与批量的关系**

3.1.4　数控机床的选用

数控机床的种类很多,常用的有:车削中心、加工中心、数控钻床、高速铣、数控铣床、数控车床、数控磨床、线切割、电火花等。根据加工内容的不同需选择不同的数控机床进行加工(见图 3.3～图 3.6)。

图 3.3　车削中心　　　　　　　　　　　**图 3.4　加工中心**

图 3.5　数控钻床　　　　　　　　　　　**图 3.6　高速铣**

　　选择数控机床主要取决于零件加工的内容、零件的尺寸大小、精度的高低,数控机床的选择原则是:

　　(1)数控机床的主要规格尺寸应与加工零件的外轮廓尺寸相适应,即小零件应选小机床,大零件应选大机床,做到设备合理选用。

　　(2)数控机床精度应与工序要求的加工精度相适应。

　　(3)数控机床的生产率应与加工零件的生产类型相适应。单件小批量生产选择通用设备,大批量生产选择高效的专用设备。

　　(4)数控机床的选择还应结合现场的实际情况。例如设备的类型、规格及精度状况、设备负荷的平衡状况及设备的分布排列情况等。

　　(5)就零件形状和精度而言,一般精度的回转体选择普通数控机床;精度要求高的或回转体端面需铣槽(或钻孔、局部非圆形状)的回转体零件可选择中、高档的数控机床或车削中心;箱体类零件通常选择卧式加工中心;一般零件的铣削加工选择数控铣床;模具类零件或带有曲面轮廓的零件通常选择加工中心(使用 CAD/CAM 软件生成加工程序);淬火模具或要求加工时间很短的零件可选择高速铣;零件上孔特别多的可选择数控钻床进行加工。

3.1.5　数控加工的工艺文件

　　数控加工的工艺文件就是填写工艺规程的各种卡片。常见的加工工序卡见表 3.1。

表 3.1　数控加工工序卡

零件名称	程序号		零件图号		材料		机床型号
控制器面板	%120		NCS—01		铝		MCV—50A
零件工序简图 (定位、夹紧、程序原点示意)							
序号	工序内容	刀　具			切削用量		零点偏置代码	加工时间	检验量具	备注

序号	工序内容	T码	规格、名称	补偿	S	F	零点偏置代码	加工时间	检验量具	备注
1	打中心孔	11	φ2 中心钻	D11	1 500	60	G54		游标卡尺	
2	钻　孔	10	φ6.3 钻头	D10	1 000	80	G54		游标卡尺	
3	扩　孔	9	φ9 扩孔钻	D9	800	80	G54		游标卡尺	
4	粗铣内腔	8	φ8 立铣刀	D8	1 600	180	G54		游标卡尺	
5	精铣内腔	7	φ6 立铣刀	D7	2 000	120	G54		游标卡尺	
6	铣斜面	12	90°专用铣刀	D12	1 000	100	G54		游标卡尺	

　　注:G54 中 Z 坐标值置为 0,每把刀对刀得到的 Z 值,设定在刀具长度补偿参数中。

　　数控加工工序卡是数控机床操作人员进行数控加工的主要指导性工艺文件。它包括:①所用的数控设备;②程序号;③零件图号、材料;④本工序的定位、夹紧简图;⑤工步顺序、工步内容(工序具体加工内容);⑥各工步所用刀具;⑦切削用量;⑧各工步所用检验量具等。在铣削、车削加工中心上加工,采用工序集中的方式,一个工序内有许多加工工步,通常把工艺文件分成数控工艺卡、刀具调整卡、程序清单。

　　刀具调整卡的内容有:刀具号、刀具名称、刀柄型号、刀具的直径和长度。常见的刀具调整卡见表 3.2;程序清单为具体的程序,它存放在计算机中或在打孔纸带上,通过计算机的串行口(或读带机)送入控制器。

表 3.2　刀具调整卡

机床型号	MCV-50A		零件号	NCS-01	程序号	‰120	
刀具号	工序内容	刀柄型号	刀具名称	刀具		备注	
				直径(mm)	长度(mm)		
T11	打中心孔	40BT-Z10-45	中心钻		H11		
T10	钻　孔	40BT-Z10-45	钻头	φ6.3	H10		
T9	扩　孔	40BT-Z10-45	扩孔钻	φ9	H9	刀具长度用 H 号补偿	
T8	粗铣内腔	40BT-Q1-75	立铣刀	φ8	H8		
T7	精铣内腔	40BT-Q1-75	立铣刀	φ6	H7		
T12	铣斜面	40BT-M2-60	90°专用铣刀		H12		

3.2　机械加工工艺基础

3.2.1　机械加工工艺过程的基本概念

1) 生产过程和工艺过程

(1) 生产过程:生产过程是指由原材料到制成产品之间的各个相互关联的劳动过程的总和。一般包括原材料的运输和保存、生产准备、备料及毛坯制造、毛坯经机械加工而成为零件,装配与检验和试车、油漆和包装等。

在现代化生产中,某一产品的生产往往有许多模式。但从生产过程来看,某工厂所用的原材料、半成品或部件,却是另一些工厂的成品。而本工厂的成品,往往又是另外工厂的半成品或部件。

(2) 工艺过程:工艺过程是直接改变加工对象的形状、尺寸、相对位置和性能,使之成为成品的过程。工艺过程是生产过程中的主要过程;其余劳动过程如各项生产准备、质量检验、运输、保管等则是生产过程中的辅助过程。

在机械加工车间进行的那一部分工艺过程,称为机械加工工艺过程。用数控机床(数控车、数控铣、加工中心、线切割、电火花等)进行加工的工艺过程称为数控工艺过程。

这些工艺过程的有关内容写成工艺文件,称为工艺规程。它是指导生产的主要技术文件,是组织和管理生产的依据。

2) 工艺过程的组成

机械加工工艺过程是由一系列的工序组合而成的,毛坯依次通过这些工序而成为成品。工序是工艺过程的基本组成部分,也是生产计划和成本核算的基本单元。

数控加工工艺就是用数控机床加工的方法改变毛坯的形状、尺寸和材料等物理机械性质,成为所需的具有一定精度、粗糙度的零件。

（1）工序：工序是工艺过程的基本单元。它是指一个（或一组）工人在一个工作地点，对一个（或同时对几个）工件连续完成的那一部分加工过程。划分工序的要点是工人、工作地点及工件三者不变并加上连续完成。只要工人、工作地点、工件这三者中改变了任两个或不是连续完成，则将成为另一工序。

（2）安装或工位：安装就是指定位并夹紧的整个过程，又称之为装夹。工件在机床上占据的每一个加工位置称为工位。

（3）工步与进给：工步是指在一个安装或工位中，加工表面、切削刀具及切削用量都不变的情况下所进行的那部分加工。因此改变加工表面、切削刀具及切削用量三者中其中的一个就变为另一个工步。有些工件，由于余量大，需要用同一刀具，在同一转速及进给量下对同一表面进行多次（分层）切削，这每一次切削就称为进给。一个工步可能有几次走刀。走刀是构成工艺过程的最小单元。

3）生产类型及工艺特点

某种产品（包括备品和废品在内）的年产量称为该产品的年生产纲领。生产纲领对工厂的生产过程和生产组织起决定性作用。生产纲领不同，各工作地点的专业化程度，所用的工艺方法、机床设备和工艺装备亦不相同。

根据年生产纲领大小的不同，可分成三种不同的生产类型，即单件生产、成批生产和大量生产。其工艺特点如下：

（1）单件生产：指单个地制造不同结构和不同尺寸的产品，并且很少重复，甚至完全不重复。例如重型机器制造、大型船舶制造、航天设备制造、新产品试制等。

单件生产所用的机床设备，过去采用通用机床（一般的车、铣、刨、钻、磨等机床）和通用夹具、标准附件（如三爪卡盘、四爪卡盘、虎钳、分度头等），现在大部分采用数控机床，也有一些采用通用机床，用数控机床加工，生产出的产品质量好、效率高。

（2）成批生产：一年中分批地制造相同的产品，生产呈周期性的重复。每批所制造的相同零件的数量称为批量。按照批量的大小和产品的特征，成批生产又可分为小批生产、中批生产及大批生产三种。小批生产在工艺方面接近于单件生产，两者常常相提并论。大批生产在工艺方面接近于大量生产。成批生产就其效率和成本而言，用数控机床加工最合适。

（3）大量生产：产品生产数量很大，大多数工作地点长期进行某一个零件的某一道工序的加工。大量生产中，广泛采用专用机床、自动机床、自动生产线及专用工艺装备。车间内机床设备都按零件加工工艺先后顺序排列，采用流水生产的组织形式。各种加工零件都有详细的工艺规程卡片。

3.2.2 机械加工工艺规程

规定零件制造工艺过程和操作方法的工艺文件，称为工艺规程。它是在具体的生产条件下，以最合理或较合理的工艺过程和操作方法，并按规定的图表或文字形式书写成工艺文件，经审批后用来指导生产的。工艺规程一般应包括下列内容：零件加工的工艺路线；各工序的具体加工内容；各工序所用的机床及工艺装备；切削用量及工时定额等。

1）工艺规程的作用

（1）工艺规程是指导生产的主要技术文件：合理的工艺规程是在工艺理论和实践经验的基础上制定的。按照工艺规程进行生产不但可以保证产品的质量，并且有较高的生产率和良好的经济效益。一切生产人员都应严格执行既定的工艺规程。

（2）工艺规程是生产管理工作的基本依据：在生产管理中，原材料及毛坯的供应、通用工艺装备的准备、机床负荷的调整、专用工艺装备的设计和制造、生产计划的制定、劳动力的组织以及生产成本的核算等，都是以工艺规程为基本依据的。

（3）工艺规程是新建或扩建工厂、车间的基本资料：在新建或扩建工厂、车间时，只有根据工艺规程和生产纲领才能正确地确定生产所需的机床和其他设备的种类、规格和数量，车间的面积，机床的布置，生产工人的工种、等级及数量和辅助部门的安排等。

2）工艺规程制定时所需的原始资料

（1）产品装配图和零件工作图。

（2）产品的生产纲领。

（3）产品验收的质量标准。

（4）现有的生产条件和资料。它包括毛坯的生产条件或协作关系，工艺装备及专用设备的制造能力加工和工艺设备的规格及性能，工人的技术水平以及各种工艺资料和标准等。

（5）国内外同类产品的有关工艺资料等。

3）制定工艺规程的步骤

制定工艺规程的步骤大致如下：

（1）分析研究产品图纸：了解整个产品的原理和所加工零件在整个机器中的作用。分析零件图的尺寸公差和技术要求。分析产品的结构工艺性，包括零件的加工工艺性和装配工艺性。检查整个图纸的完整性。如果发现问题，要和设计部门联系解决。

（2）选择毛坯：根据生产纲领和零件结构选择毛坯，毛坯的类型一般在零件图上已有规定。对于铸件和锻件，应了解其分模面、浇口、冒口位置和拔模率，以便在选择定位基准和计算加工余量时有所考虑。如果毛坯是用棒料或型材，则要按其标准确定尺寸规格，并决定每批加工件数。

（3）拟定工艺路线：主要有两个方面的工作，其一是确定加工顺序和工序内容。安排工序的集中和分散程度，划分工艺阶段，这项工作与生产纲领有密切关系。其二是选择工艺基准。常常需要提出几个方案，进行分析比较后再确定。

（4）确定各工序所用的加工设备和工艺装备：要确定各工序所用的加工设备（如机床）、夹具、刀具、量具及辅助工具。如果是通用的而本厂又没有则可安排生产计划或采购；如果是专用的，则要提出设计任务书及试制计划，由本厂或外单位进行研制。

（5）计算加工余量、工序尺寸及公差：当计算各工序的加工余量和总的加工余量时，如果毛坯是棒料或型材，则应按棒料或型材标准进行圆整后修改确定。计算各个工序的尺寸及公差，就是要控制各工序的加工质量以保证最终的加工质量。

（6）计算切削用量：如果有切削用量手册等资料，则可查阅并进行计算，否则就要按各工厂的实际经验来确定。目前，对单件小批生产一般不规定切削用量，而是由操作工人根据经验自行选定;数控加工中每一步切削都必须制定出切削用量;对于自动线和流水线,为了保证生产节拍,必须规定切削用量。

（7）估算工时定额:传统的普通机床的加工,通常使用切削用量手册、工时定额手册等资料,用查表或由统计资料估算(不是很准确)。用 CAD/CAM 生成程序在数控机床上加工,CAM 系统根据操作人员设定的切削用量能自动精确地计算出确切的加工时间。

（8）确定各主要工序的技术要求及检验方法:必要时,要设计和试制专用检具。

4）定位基准

基准是指零件的设计基准或工艺基准,它是零件上的一个表面、一条线或一个点,根据这些面、线、点来确认其他的面、线、点的位置,前者称为后者的基准。

（1）基准类型:基准可分为设计基准和工艺基准两类,设计基准是指零件设计时所用的基准;工艺基准是指在数控加工过程中所采用的基准。根据用途不同,工艺基准又可分为定位基准、工序基准、测量基准。

① 定位基准:加工时确定零件在机床或夹具中的位置所依据的点、线、面位置的基准,即确定被加工表面位置的基准。它是由工件定位基面与夹具定位元件的工作表面相接触的面、线、点决定的。

② 工序基准:在工序图上,用以标定被加工表面位置的面、线、点称为工序基准,所标注的加工面的位置尺寸叫工序尺寸,工序基准是工序尺寸的设计基准。

③ 测量基准:在测量时确定零件位置或零件上被测量面所依据的面、线、点称为测量基准。即测量被加工表面尺寸、位置所依据的基准。

（2）定位基准的选择:定位基准的选择直接影响零件的加工精度、加工顺序的安排以及夹具结构的复杂程度等,所以它是制定工艺规程中的一个十分重要的问题,各工序定位基准的选择,应先根据工件定位要求来确定所需定位基准的个数,再按基准选择原则来选定每个定位基准。为使所选的定位基准能保证整个数控加工工艺过程顺利地进行,通常应先考虑如何选择精基准来加工各个表面,然后考虑如何选择粗基准把作为精基准的表面先加工出来。

① 精基准的选择:选择精基准时,应从整个工艺过程来考虑如何保证工件的尺寸精度和位置精度,并使装夹方便可靠。一般应按下列原则来选择:

a. 基准重合原则:应选用设计基准作定位基准。如图 3.7 所示,为主轴箱的定位基准情况。在生产批量不大时,应以设计基准底面 M 和导向面 E 作为定位基准来镗孔Ⅰ和孔Ⅱ。

b. 基准统一原则:应尽可能在多工序中选用一组统一的定位基准来加工其他各表面。采用基准统一原则可以避免基准转换所产生的误差,并可使各工序所用夹具的某些结构相同或相似,简化夹具的设计和制造。在数控加工中,加工中心带有刀库,一次安装能进行铣、钻、镗等许多工步的加工,所以精基准通常采用基准统一原则。

图 3.7　主轴箱定位基准

c. 自为基准原则:有些精加工或光整加工工序要求余量小而均匀,应选择加工表面本身作为定位基准。如磨削床身导轨面,就是以导轨面本身为基准来找正定位。

d. 互为基准原则:对相互位置精度要求高的表面,可以采用互为基准、反复加工的方法。例如车床主轴的主轴颈与主轴锥孔的同轴度要求高,一般先以轴颈定位加工锥孔,再以锥孔定位加工轴颈,如此反复加工来达到同轴度要求。

e. 可靠、方便原则:应选定位可靠、装夹方便的表面作基准。

② 粗基准的选择:选择粗基准主要是选择第一道机械加工工序的定位基准,以便为后续工序提供精基准。选择粗基准的出发点是:一要考虑如何合理分配各加工表面的余量;二要考虑怎样保证不加工表面与加工表面间的尺寸及相互位置要求。这两个要求常常是不能兼顾的,因此,选择粗基准时应首先明确哪个要求是主要的。

一般应按下列原则来选择:

a. 若工件必须首先保证某重要表面的加工余量均匀,则应选该表面为粗基准。例如车床床身导轨面不仅精度要求高,而且要求耐磨。在铸造床身时,导轨面向下放置,使其表面层的金属组织细致均匀,无气孔、夹砂等缺陷。加工时要求从导轨面上只切去薄而均匀的余量,保留紧密耐磨的金属层组织。为此应选导轨面为粗基准加工床脚平面,再以床脚平面为精基准加工导轨面(见图 3.8(a))。反之,若选床脚平面为粗基准,会使导轨面的加工余量大而不均匀,降低导轨面的耐磨性(见图 3.8(b))。

(a)   (b)

图 3.8 床身加工粗基准比较

b. 若工件每个表面都要求加工,为了保证各表面都有足够的余量,应选加工余量最小的表面为粗基准。如图 3.9 所示的阶梯锻轴,两段轴有 3 mm 的偏心,应选小端外圆面为粗基准。

图 3.9 阶梯轴的粗基准选择   图 3.10 套的粗基准选择

c. 若工件必须保证某不加工表面与加工表面之间的尺寸或位置要求,则应选该不加工表面为粗基准。如图 3.10 所示的零件要求壁厚均匀,应选不加工的外圆面为粗基准来镗孔。

d. 选作粗基准的表面应尽可能平整,没有飞边、浇口、冒口或其他缺陷。粗基准一般只允许使用一次。若两次装夹使用同一粗基准,则此两次装夹所加工的表面之间会产生较大的位置误差。只有当重复使用某一粗基准所产生的定位误差在允许的范围之内时,该粗基准才可以重复使用。

5）加工余量

加工余量是指加工过程中，所切去的金属层厚度。余量有工序余量和加工总余量之分，工序余量是相邻两工序的尺寸之差；加工总余量是毛坯尺寸与零件图设计的尺寸之差，它等于各工序余量之和。

加工总余量的大小对零件的加工质量和制造的经济性有较大的影响。余量过大会浪费原材料、增加加工工时、机床刀具及能源的消耗；余量过小则不能消除上一道工序留下的各种误差、表面缺陷和本工序的装夹误差，容易造成废品。工序余量太大（或是局部太大），精加工时刀具受到的切削力大（切削力变化大），刀具受力变化大，容易产生形变误差；余量太小精加工时影响表面粗糙度。数控加工余量的选用原则与普通加工相同，可采用经验估算、查表修正和分析计算等方法。但同时要考虑到机床的刚性、工艺系统的刚性、机床参数的范围，从而合理确定加工余量。

3.2.3 夹具概述

1）机床夹具的定义

机床夹具是将工件进行定位、夹紧，并将刀具进行导向或对刀，以保证工件和刀具间的相对位置关系的附加装置，简称夹具。将工件在机床上进行定位、夹紧的装置，称为辅助工具。

2）机床夹具的组成

通常夹具由定位元件、夹紧装置、导向元件、对刀装置和连接元件等部分组成。图 3.11 是一个加工拨叉零件的铣床夹具（如果拨叉较长容易引起震动）。

（1）定位元件：它起定位作用，保证工件相对于夹具的位置，可用六点定位原理来分析其所限制的自由度。常用的定位元件有固定支承钉、板，可调支承钉，V形块等，如图 3.12 所示。

（2）夹紧装置：将工件夹紧，保证在加工时保持所限制的自由度。常见的手动夹紧机构根据动力源的不同，可分为手动、气动、液动和电动等方式。

图 3.11　加工拨叉的铣床夹具

图 3.12　常用的各种定位支承元件

（3）导向元件和对刀装置：它是用来保证刀具相对于夹具的位置，对于钻头、扩孔钻、铰刀、镗刀等孔加工刀具用导向元件；对于铣刀、刨刀等用对刀装置，如图 3.11 所示。

（4）连接元件：它是用来保证夹具和机床工作台之间的相对位置，对于铣床夹具，有定位键与铣床工作台上的 T 型槽相配以进行定位，再用螺钉夹紧，如图 3.13 所示。对于钻床夹具，由于孔加工时只是沿轴向进给就可完成，用导向元件就可以保证相对位置（如钻模板上的钻套等），因此，在将夹具装在工作台上时，用导向元件直接对刀具进行定位，不必再用连接元件定位了，所以一般的钻床夹具没有连接元件。

(a)   (b)   (c)

图 3.13　常见的夹紧机构

（5）夹具体：它是夹具的本体。定位元件、夹紧装置、导向元件、对刀装置、连接元件等都装在它上面，因此夹具体一般都比较复杂，它保证了各元件之间的相对位置。

（6）其他元件及装置：如动力装置的操作系统等。

3）夹具的作用

（1）保证加工质量、提高机床加工精度等级：如相对位置精度的保证，精度的一致性等。

（2）提高生产率：用夹具来定位、夹紧工件，避免了手工找正等操作，缩短了安装工件的时间。

（3）减轻劳动强度：如可用气动、电动夹紧。

（4）扩大机床的工艺范围：在机床上安装一些夹具就可以扩大其工艺范围，如在数控铣床上加一个数控分度盘，就可以在圆柱面上加工螺旋槽。

4）夹具的分类

它有多种分类方法：从专业化程度分；从使用机床的类型分；从动力来源分，等等。从专业化程度来分，可分为：通用夹具、专用夹具、组合夹具。

（1）通用夹具：如常见的三爪卡盘、平口钳、V 形块、分度头和转台等。通常作为数控机床、通用机床的附件。

（2）专用夹具：根据零件工艺过程中某工序的要求专门设计的夹具，此夹具仅用于该工序的零件加工用，都是用于成批和大量生产中。

（3）组合夹具：由许多标准件组合而成，可根据零件加工工序的需要拼装，用完后再拆卸，可用于单件、小批生产。数控铣床、加工中心用得较多。

3.3　数控加工路线设计

3.3.1　加工阶段的划分

1）工序的划分

零件的加工质量要求较高时，应把整个加工过程划分为以下几个阶段：

（1）粗加工阶段：其任务是切除大部分加工余量，使毛坯在形状和尺寸上接近零件成品，目标是获得高的生产率。

（2）半精加工阶段：其主要任务是使主要表面达到一定的精度，为主要表面的精加工做好准备，并完成一些次要表面的加工。

（3）精加工阶段：使各主要表面达到图纸规定的质量要求。

（4）光整加工阶段：对于质量要求很高（IT6 及其以上，$R_a \leqslant 0.32\ \mu\mathrm{m}$）的表面，特别是曲面加工，需进行光整加工，主要用于进一步提高尺寸精度和减小表面粗糙度值（不能用来提高位置精度）。

2）划分加工阶段的原因

（1）可保证加工质量：因为粗加工切除的余量大，切削力、夹紧力和切削热都较大（高速切削零件加工完后，零件不太热，热变形很小），致使工件产生较大的变形。同时，加工表面被切除一层金属后，内应力要重新分布，也会使工件变形。如果不划分加工阶段，则安排在前面的精加工工序的加工效果，必然会被后续的粗加工工序所破坏。而划分加工阶段，则粗加工造成的误差可通过半精加工和精加工予以消除。而且各加工阶段之间的时间间隔有自然时效的作用，有利于使工件消除内应力和充分变形，以便在后续工序中修正。

（2）可合理使用机床：粗加工采用功率大、普通精度的设备；精加工采用精度较高的机床。这样有利于合理发挥设备的效能，保持高精度机床的工作精度。

（3）粗加工阶段可发现毛坯缺陷从而及时报废或修补。

（4）可适应热处理的需要：为了便于穿插必要的热处理工序，并使它发挥充分的效果，就自然而然地将加工过程划分成几个阶段。例如精密主轴加工，在粗加工后进行时效处理，在半精加工后进行淬火，在精加工后进行冰冷处理及低温回火，最后进行光整加工。

（5）表面精加工安排在最后，可使这些表面少受或不受损伤。应当指出：加工阶段的划分不是绝对的。对于刚性好、余量小、加工要求不高或内应力影响不大的工件（如高速切削铝合金材料），可以不划分加工阶段。

在高速铣削中由于切削速度很大，通常可达到（1 000 m/min），与普通切削产生的切削热的传导有很大的不同，工件得到的热量很少，所以在高速铣削或加工中心加工中通常采用工序集中的加工方式，粗、精加工并不分开。节省了零件的装夹时间，更容易保证零件的位置精度。

3.3.2　加工工序的划分

1）机械加工工序的安排原则

（1）先基面后其他：先用粗基准定位加工出精基准面，再以精基准定位加工其他表面。如果精基准面需要变换，则应按基准转换次序和逐步提高加工精度的原则来安排基面和主要表面的加工。

（2）先粗后精：当零件需要划分加工阶段时，先安排各表面的粗加工，中间安排半精加工，最后安排主要表面的精加工和光整加工。

（3）先主后次：先加工零件上的装配基面和工作表面等主要表面，后加工键槽、紧固用的光孔与螺纹孔等次要表面。因为次要表面的加工面积较小，它们又往往与主要表面有一定的相互位置要求，所以一般应放在主要表面半精加工之后进行加工。

（4）先面后孔：对于箱体、支架等类零件，由于平面的轮廓尺寸较大，以平面为精基准来加工孔，定位比较稳定可靠，故先加工平面，后加工孔。

2）热处理工序的安排

热处理工序在工艺路线中的位置安排，主要取决于热处理的目的。一般可分为预备热处理和最终热处理。

（1）预备热处理：退火与正火常安排在粗加工之前，以改善切削加工性能和消除毛坯的内应力；调质一般应放在粗加工之后、半精加工之前进行，以保证调质层的厚度；时效处理用以消除毛坯制造和机械加工中产生的内应力。对于精度要求不太高的工件，一般在毛坯进入机械加工之前安排一次人工时效即可。对于机床床身、立柱等结构复杂的铸件，应在粗加工前后都要进行时效处理。对一些刚性差的精密零件（如精密丝杠），在粗加工、半精加工和精加工过程中要安排多次人工时效。

（2）最终热处理：主要用以提高零件的表面硬度和耐磨性以及防腐、美观等。淬火、渗碳淬火、淬火—回火等安排在半精加工之后、磨削加工之前进行；氮化处理由于温度低，变形小，且氮化层较薄，故应放在精磨之后进行。表面装饰性镀层、发蓝处理，应安排在机械加工完毕之后进行。

3）辅助工序的安排

检验工序是数控加工主要的辅助工序。在每道工序中，首件一定要检查，尺寸不合格或尺寸不在公差范围之内，修改补偿尺寸后再确认一次。以后加工一定数量，就要进行抽检，如刀具磨损要进行及时的补偿或换新的刀具，防止成批不合格件流向下道工序。除工序自检之外，还要独立安排抽检工序，做到不合格材料不投产，不合格毛坯不加工，不合格工序不转入下道工序。具体的抽检时间顺序安排为：重要和复杂毛坯加工之前；重要和费工时的工序之后；完工、入库之前。

此外，去毛刺、倒钝锐边、去磁、清洗及涂防锈油等都是不可忽视的辅助工序。

3.3.3　工序集中与分散

安排了加工顺序之后，需将各加工表面的各次加工，按不同的加工阶段和加工顺序组合成若干个工序，从而拟定出零件加工的工艺路线。组合时可采用工序集中或工序分散的原则。

（1）工序集中是把零件的加工集中在少数几道工序内完成。其特点是：

① 有利于采用高效的专用设备和工艺装备，生产效率高。

② 由于工件装夹次数少，不仅可减少辅助时间，缩短生产周期，而且可在一次安装中加工许多表面，容易保证它们的相互位置精度。

③ 工序数目少，可以减少机床数量，相应地减少了操作人员数和生产面积，并可简化生产计划和生产组织工作。

（2）工序分散是把零件的加工分散到许多工序内完成。其特点是：

① 机床与工艺装备比较简单，容易调整。生产准备工作量小，容易适应产品变换。

② 对工人的技术要求低。

③ 设备数量多，操作工人多，生产面积大。

工序集中与工序分散各有优缺点，应根据生产类型、零件的结构特点与技术要求以及现有设备条件等来确定工序集中或分散的程度。a. 单件小批生产宜于工序集中，采用通用机床或数控机床。b. 中小批量生产通常采用数控机床(加工中心)加工,一次安装可进行钻、铣、镗等加工,加工方式是工序顺序集中或组织集中。c. 大批量生产可采用多刀、多轴等高效、专用机床将工序集中,加工方式是工序平行集中;也可按工序分散组织流水生产,加工方式是工序分散。

3.3.4 进给路线的确定

数控加工中进给路线对加工时间、加工精度和表面质量有直接的影响。

铣削有顺铣和逆铣两种方式。当工件表面无硬皮,机床进给机构无间隙时,应选用顺铣,用顺铣方式安排进给路线。因为采用顺铣加工,已加工零件表面质量好,刀齿磨损小。精铣时,尤其是零件材料为铝镁合金、钛合金或耐热合金时,应尽量采用顺铣。当工件表面有硬皮,机床的进给机构有间隙时,应选用逆铣,按照逆铣安排进给路线。因为逆铣时,刀齿是从已加工表面切入,不会崩刃;机床进给机构的间隙不会引起振动和"爬行"。

1) 铣削外轮廓的进给路线

铣削平面零件外轮廓时,一般是采用立铣刀侧刃切削。刀具切入零件时,应避免沿零件外轮廓的法向切入,以避免在切入处产生刀具的接刀痕,而应沿切削起始点延伸线或切线方向逐渐切入工件,保证零件曲线的平滑过渡。同样,在切离工件时,也应避免在切削终点处直接抬刀,要沿着切削终点延伸线或切线方向逐渐切离工件。如图 3.14 所示。

（a） （b）

图 3.14 刀具切入和切出外轮廓的进给路线

2) 铣削内轮廓的进给路线

铣削封闭的内轮廓表面时,同铣削外轮廓一样,刀具同样不能沿轮廓曲线的法向进刀和退刀。此时刀具可以沿过渡圆弧切入和切出工件轮廓。图 3.15 所示为铣切内腔的进给路线。

（a） （b）

图 3.15 内腔精加工切入/切出路径

　　3）铣削曲面的进给路线与加工效果

　　对于曲面加工不论是精加工还是粗加工都有多种切削方式,针对不同的加工零件形状,选择一种进给路径较短的方式。图 3.16(b)所示的路径比图 3.16(a)的路径短。

（a）　　　　　　　　　　　　　　（b）

图 3.16　曲面加工的不同走刀路径

　　此外还必须考虑残余量大小的一致性,如平行铣削方式,平行 X 轴方向走刀,垂直走刀路径的曲面上残余量小,平行走刀路径的曲面上残余量大,如图 3.17(a)所示。这种粗加工结果不符合精加工切削用量均匀一致的要求。若改用 45°方向走刀,效果如图 3.17(b)所示,虽然还有局部残余量还比较大,但整体残余量最大值变小,且其一致性比较好。

（a）　　　　　　　　　　　　　　（b）

图 3.17　铣削曲面的两种进给路线

　　曲面精铣时如图 3.18 所示,使用平头刀和球头刀进给路径相同,但使用平头刀和球头刀的效果是不同的。图 3.18(b)是使用球头刀铣削的,圆圈中所示的最大残余量比图 3.18(a)用平头刀铣削的最大残余量的值要小,但底面(平面)的铣削用平头刀比球头刀效果好。

（a）平头刀铣削效果　　　　　　（b）球头刀铣削效果

图 3.18　曲面铣削使用不同类型刀具的不同效果

　　在高速铣削中选择走刀路径方式,既要考虑刀具路径的长短,又要考虑刀具的受力。高速铣削方式下为了使切削力和脉动都小,在槽切削中通常采用摆线式切削。如图 3.19 所示。

图 3.19 传统切削方式与高速摆线切削方式

4）Z 向进给

通常采用二刃键槽铣刀直接进刀，进刀路线短，但该方式进刀速率较小，加工效率不高，而且端面刀刃刀具中心部位的切削速度接近零，刀刃容易损坏。当采用直径较大的镶片立铣刀或高速铣削方式下，当采用坡走铣或螺旋式 Z 向进刀方式，中心部位刀刃有一定的切削速度，在刀具端面中心部位没有刀刃的情况下，也能连续地 Z 向进刀，且刀刃不容易损坏。图 3.20（a）所示为坡走铣，图 3.20（b）所示为螺旋式 Z 向进刀方式。高速切削的薄壁件，如图 3.21 所示。

图 3.20 坡走铣与螺旋式 Z 向进刀方式

	粗加工	精加工
刀具：	整体硬质合金立铣刀	
刀具直径：	10 mm	8 mm
等级：	H10F	H10F
刀齿数 Z：	2	4
切削速度 v_c：	628 m/min	603 m/min
主轴转速 n：	20 000 r/min	24 000 r/min
进给速度 v_f：	4 800 mm/min	9 600 mm/min
每齿进给量 f_z：	0.12 mm/齿	0.1 mm/齿
切削宽度 a_e：	6～10 mm	0.9 mm
切削深度 a_p：	5 mm	2 mm
铣削方式：	-Z 向铣削交叉路径 在 Z 向的整个深度上 都用单侧切削	

壁厚
0.4 mm；0.3 mm；0.2 mm

图 3.21 高速切削的薄壁件示例

　　总之,确定进给路线的原则是在保证零件加工精度和表面粗糙度的条件下,尽量缩短进给路线,以提高生产率。

　　5) 不同走刀路径切削受力情况分析

　　该走刀方式在拐角处切削力和切削方向急剧改变,产生过切;在高速铣中特别不合适,如图 3.22 所示。

图 3.22　有 Z 向负向走刀路径的切削方式

　　而采用在 XY 平面中走刀,切削力变化很小,不产生过切现象,如图 3.23 所示。

图 3.23　在 XY 平面中走刀

　　6) 加工曲面或斜面刀具类型对残余量的影响

　　不同类型的铣刀对腔体内壁加工残余量的影响不同,圆角铣刀好于普通尖角铣刀,如图 3.24 所示。

图 3.24　不同类型的铣刀对腔体内壁加工残余量的影响

3.4　数控加工的工序设计

工艺路线确定之后,各道工序的内容已基本确定,接下来便可进行工序设计。工序设计时,由于所用机床不同,工序设计的要求也不一样。对普通机床的加工工序,有些细节问题可不必考虑,由操作人员在加工过程中处理。对数控机床的加工工序,针对数控机床高度自动化、自适应性差的特点,要充分考虑到加工过程中的每一个细节,工序设计必须十分严密。

工序设计的主要任务是为每一道工序选择机床、夹具、刀具及量具,确定定位夹紧方案、刀具的进给路线、加工余量、工序尺寸及其公差、切削用量及工时定额等。

3.4.1　工件装夹与夹具选择

1）工件的定位

（1）六点定位原理:工件在空间具有六个自由度,即沿 X、Y、Z 三个坐标轴方向的移动自由度 $\vec{X}$、$\vec{Y}$、$\vec{Z}$ 和绕 X、Y、Z 三个坐标轴的转动自由度 $\hat{X}$、$\hat{Y}$、$\hat{Z}$,如图 3.25 所示。因此,要完全确定工件的位置,就需要按一定的要求布置六个支承点（即定位元件）来限制工件的六个自由度。其中每个支承点限制相应的一个自由度。这就是工件定位的"六点定位原理"。

图 3.25　工件在空间的六个自由度

如图 3.26 所示的长方形工件,底面 A 放置在不在同一直线上的三个支承上,限制了工件的 $\hat{X}$、$\hat{Y}$、$\vec{Z}$ 三个自由度;工件侧面 B 紧靠在沿长度方向布置的两个支承点上,限制了 $\vec{X}$、$\hat{Z}$ 两个自由度;端面 C 紧靠在一个支承点上,限制了 $\vec{Y}$ 自由度。

图 3.26　长方形工件的六点定位

图 3.27　盘状工件的六点定位

图 3.27 所示为盘状工件的六点定位情况。平面放在三个支承点上,限制了 $\hat{X}$、$\hat{Y}$、$\vec{Z}$ 三个自由度;圆柱面靠在侧面的两个支承点上,限制了 $\vec{X}$、$\vec{Y}$ 两个自由度;在槽的侧面放置一个支承点,限制了 $\hat{Z}$ 自由度。

由图 3.26 和图 3.27 可知,工件形状、定位表面不同,定位点的布置情况会各不相同。

（2）限制工件自由度与加工要求的关系:根据工件加工表面加工要求的不同,有些自由度对加工要求有影响,有些自由度对加工要求无影响。工件定位时,影响加工要求的自由度必须限制,不影响加工要求的自由度不必限制。

（3）完全定位与不完全定位：工件的六个自由度都被限制的定位称为完全定位（如图 3.26、图 3.27 所示）。工件被限制的自由度少于六个,但不影响加工要求的定位称为不完全定位。

（4）过定位与欠定位：按照加工要求应限制的自由度没有被限制的定位称为欠定位。欠定位是不允许的,因为欠定位保证不了加工要求。工件的一个或几个自由度被不同的定位元件重复限制的定位称为过定位。当过定位导致工件或定位元件变形,影响加工精度时,应严禁采用；但当过定位不影响工件的正确定位,并能提高工件刚度,有利于提高加工精度时,就可以采用。

2）工件的定位方式与定位元件

（1）工件以平面定位：工件以平面作为定位基准时,常用的定位元件如下所述。

① 主要支承：主要支承用来限制工件的自由度,起定位作用。

a. 固定支承：固定支承有支承钉和支承板两种形式。在使用过程中,可根据坯料的情况（已加工表面或毛坯）选择不同头部结构的支承钉。

b. 可调支承：可调支承用于在工件定位过程中,支承钉的高度需要调整的场合。大多用于工件毛坯尺寸、形状变化较大以及粗加工定位等情况。

c. 自位支承（浮动支承）：自位支承是在工件定位过程中,能自动调整位置的支承。相当于一个定位支承点,只限制工件一个自由度。用于提高工件的刚性和稳定性。

② 辅助支承：辅助支承用来提高工件的装夹刚性和稳定性,不起定位作用,也不允许破坏原有的定位。

（2）工件以外圆柱面定位：有支承定位和定心定位两种。

① 支承定位：支承定位最常见的是 V 形块定位。图 3.28(a) 为常见 V 形块结构,用于较短工件精基准定位；图 3.28(b) 用于较长工件粗基准定位；如果定位基准与长度较大,则 V 形块不必做成整体钢件,而采用铸铁底座镶淬火钢垫,如图 3.29(c) 所示。长 V 形块限制工件的四个自由度,短 V 形块限制工件的两个自由度。V 形块两斜面的夹角有 60°、90° 和 120° 三种,其中以 90° 最为常用。

图 3.28　较长工件定位用 V 形块

② 定心定位：定心定位能自动地将工件的轴线确定在要求的位置上,如常见的三爪自动定心卡盘和弹簧夹头等。此外也可用套筒作为定位元件。图 3.29 是套筒定位的实例,图 3.29(a) 是短套筒孔,相当于两点定位,限制工件的两个自由度；图 3.29(b) 是长套筒孔,相当于四点定位,限制工件的四个自由度。

（3）工件以圆孔定位：工件以圆孔内表面定位时,常用定位元件有：定位销、圆柱心轴、圆锥销、锥度心轴等。

图 3.29　套筒定位

图 3.30　一面两孔定位

（4）工件以一面两孔定位：图 3.30 为一面两孔定位简图。利用工件上的一个大平面和与该平面垂直的两个圆孔作定位基准进行定位。夹具上如果采用一个平面支承（图中 3，限制 $\hat{X}$、$\hat{Y}$ 和 $\hat{Z}$ 三个自由度）和两个圆柱销（都限制 $\vec{X}$ 和 $\vec{Y}$ 两个自由度）作定位元件，则在两销连心线方向产生过定位（重复限制 $\vec{X}$ 自由度）。为了避免过定位，将其中一销做成削边销（见图中 2）。削边销不限制 $\vec{X}$ 自由度，限制 $\hat{Z}$ 自由度。

3）定位误差

一批工件逐个在夹具上定位时，各个工件在夹具上所占据的位置不可能完全一致，所以加工后各工件的工序尺寸存在误差。这种因工件定位而产生的工序基准在工序尺寸方向上的最大变动量，称为定位误差，用 ΔD 表示。

（1）定位误差产生的原因

① 基准不重合误差：定位基准与设计基准不重合时所产生的加工误差，称为基准不重合误差。在工艺文件上，设计基准已转化为工序基准，设计尺寸已转化为工序尺寸，此时基准不重合误差就是定位基准与工序基准之间尺寸的公差，用 ΔB 表示。

② 基准位移误差：一批工件定位基准相对于定位元件的位置最大变动量（或定位基准本身的位置变动量）称为基准位移误差，用 ΔY 表示。

（2）常见定位方式的定位误差

① 工件以圆柱面配合定位的基准位移误差：a. 定位副固定单边接触。b. 定位副任意边接触：当心轴垂直放置时，工件可以与心轴任意边接触，此时定位误差为单边接触的双倍（不考虑定位孔与定位心轴间的最小配合间隙时）。

$$\Delta Y = D_{\max} - d_{\min} = T_D + T_d \quad (3.1)$$

式中：T_D——工件定位孔直径公差；

　　　　T_d——定位心轴直径公差。

② 工件以外圆在 V 形块上定位的误差：如图 3.31 所示，工件以外圆在 V 形块

图 3.31　工件以外圆在 V 形块上定位

上定位，定位基准是工件外圆轴心线，因工件外圆柱面直径有制造误差，因此产生的工件在

垂直方向上的基准位移误差为：

$$\Delta Y = OO_1 = \frac{d/2}{\sin(\alpha/2)} - \frac{(d-T_d)/2}{\sin(\alpha/2)} = T_d/2\sin(\alpha/2) \tag{3.2}$$

对于图 3.31(b)中的三种工序尺寸标注，其定位误差分别为：当工序尺寸标为 h_1 时，因基准重合，$\Delta B = 0$，所以

$$\Delta D = \Delta Y = T_d/2\sin(\alpha/2) \tag{3.3}$$

当工序尺寸标为 h_2 时，工序基准为外圆柱面下母线，与定位基准不重合，两者以 $(d-T_d)/2$ 相联系。所以 $\Delta B = T_d/2$。由于工序基准在定位基面上，因此 $\Delta D = |\Delta Y \pm \Delta B|$。符号的确定：当定位基面直径由大变小时，定位基准朝下运动，使 h_2 变大；当定位基面直径由大变小时，假定定位基准不动，工序基准相对于定位基准向上运动，使 h_2 变小。两者变动方向相反，故有：

$$\Delta D = |\Delta Y - \Delta B| = \left| \frac{T_d}{2\sin(\alpha/2)} - \frac{T_d}{2} \right| = \frac{T_d}{2}\left[\frac{1}{\sin(\alpha/2)} - 1 \right] \tag{3.4}$$

当工序尺寸标为 h_3 时，工序基准为外圆柱面上母线，基准不重合，误差仍为 $\Delta B = T_d/2$；当定位基准面直径由大变小时，ΔB 和 ΔY 都使 h_3 变小，故有：

$$\Delta D = \Delta Y + \Delta B = \frac{T_d}{2\sin(\alpha/2)} + \frac{T_d}{2} = \frac{T_d}{2}\left[\frac{1}{\sin(\alpha/2)} + 1 \right] \tag{3.5}$$

4）工件的装夹

加工过程中，为保证工件定位时确定的位置正确，防止工件在切削力、离心力、惯性力、重力等作用下产生位移和振动，需将工件夹紧。这种保证加工精度和安全生产的装置，称为夹紧装置。

（1）对夹紧装置的基本要求：夹紧装置的自动化程度及复杂程度应与工件的产量和批量相适应。

① 夹紧过程中，不改变工件定位后所占据的正确位置。

② 夹紧力的大小适当：既要保证工件在加工过程中其位置稳定不变、震动小，又要使工件不产生较大的夹紧变形。

③ 操作方便、省力、安全。

（2）夹紧力方向和作用点的选择

① 夹紧力应朝向主要定位基准：如图 3.32(a)所示，被加工孔与左端面有垂直度要求，因此，要求夹紧力 F_1 朝向定位元件 A 面。如果夹紧力改朝 B 面，由于工件左端面与底面的夹角误差，夹紧时将破坏工件的定位，影响孔与左端面的垂直度要求。又如图 3.32(b)所示，夹紧力 F_1 朝向 V 形块，使工件的装夹稳定可靠。但是，如果改为朝向 B 面，则夹紧时工件有可能会离开 V 形块的工作面而破坏工件的定位。

② 夹紧力方向应有利于减小夹紧力：当夹紧力与切削力、工件重力同方向时，加工过程所需的夹紧力可最小。

③ 夹紧力的作用点应选在工件刚性较好的方向和部位：这对刚性差的工件特别重要。

图 3.32　夹紧力朝向主要定位面

④ 夹紧力的作用点应尽量靠近工件加工面:这样既提高了工件的装夹刚性,又减少了加工过程中的振动。

⑤ 夹紧力作用点应落在定位支承范围内。

5) 夹具的选择

单件小批量生产时,应优先选用组合夹具、通用夹具或可调夹具,以节省费用和缩短生产准备时间。成批生产时,可考虑采用专用夹具,但力求结构简单。

装卸工件要方便可靠,以缩短辅助时间,有条件且生产批量较大时,可采用液动、气动或多工位夹具,以提高加工效率。除上述几点外,还要求夹具在数控机床上安装准确,能协调工件和机床坐标系的尺寸关系。

3.4.2　刀具与切削用量选择

1) 机床刀具

(1) 刀具材料应具备的性能:切削时,刀具切削部分不仅要承受很大的切削力,而且要承受切削变形和摩擦所产生的高温。要使刀具能在这样的条件下工作而不至于很快地变钝或损坏,保持其切削能力,就必须使刀具材料具有如下的性能:

① 高的硬度和耐磨性:刀具材料的硬度必须远远高于被加工材料的硬度,否则在高温高压下,就不能保持刀具锋利的几何形状。通常刀具材料的硬度都在 60HRC 以上。

② 足够的强度与韧性:刀具切削部分的材料在切削时要承受很大的切削力和冲击力。

③ 良好的耐热性和导热性:刀具材料的耐热性是指刀具材料在高温下保持其切削性能的能力。

④ 良好的工艺性:为了便于制造,要求刀具材料有较好的可加工性,包括锻压、焊接、切削加工、热处理、可磨性等。

⑤ 经济性:选择刀具材料时应注意经济效益,在满足要求的情况下,力求价格低廉。

(2) 刀具材料的种类:目前最常用的刀具材料有高速钢和硬质合金。陶瓷材料和超硬刀具材料(金刚石和立方氮化硼)应用也越来越多,它们的硬度很高,具有优良的抗磨损性能,刀具耐用度高,能保证高的加工精度。

① 高速钢:高速钢是含有较多的钨、铬、钼、钒等合金元素的高合金工具钢。按用途不同分为通用型高速钢和高性能高速钢。

② 硬质合金:硬质合金是由硬度和熔点都很高的碳化物(WC、TiC、TaC、NbC 等),用

Co、Mo、Ni 作粘结剂制成的粉末冶金制品。在国内常用的硬质合金有三大类：钨钴类硬质合金（YG）、钨钛钴类硬质合金（YT）、钨钛钽（铌）类硬质合金（YW）。

③ 其他刀具材料：有涂层刀具材料、陶瓷、金刚石、立方氮化硼（CBN）。

近年来国内外硬质合金涂层刀具用得很多，刀具的耐磨性、综合切削性比较好。国际上刀具牌号的分类为：P 类加工钢材；M 类加工不锈钢等；F 类加工铸铁；N 类加工有色金属；S 类加工耐热合金；H 类加工淬过火的高硬材料。

（3）刀具分类：按刀具结构分类，有整体式、焊接式和机夹可转位式刀片等。按刀具切削刃数量划分，可分为单刃刀具、多刃刀具等。

① 整体式刀具：使用较多的整体式刀具有高速钢车刀、立铣刀等，如图 3.33 所示。近年来由于刀具制造技术的发展，整体式硬质合金键槽铣刀、球头铣刀使用越来越多。

图 3.33　常见铣削刀具

② 焊接式刀具：焊接式刀具结构简单，刚性好，可根据加工要求较方便地刃磨出所需的几何形状，应用十分普遍。但焊接后的硬质合金刀具，经刃磨后易产生内应力和裂纹，使切削性能下降，影响生产率的提高。如图 3.34(c) 所示。

图 3.34　常见的夹固式和焊接式车刀

③ 机夹可转位刀片式刀具（机夹不重磨式刀具）：以机夹可转位刀片式车刀为例，如图 3.34 的(a)、(b)所示，这种刀具具有一定几何角度的多边形刀片，以机械紧固的方法，装夹在标准刀杆上。当刀片磨钝后，将夹紧机构松开，将刀片转位后即可继续切削。使用机夹

不重磨刀具能提高硬质合金刀具的耐用度和刀片利用率,节约了刀杆和刃磨砂轮的消耗,简化了刀具的制造过程,有利于刀具标准化和生产组织管理。对于旋转刀具,目前也大量采用可转位刀片刀具,如图 3.35 所示为可转位刀片面铣刀,图 3.36 所示为可转位刀片球头铣刀。

图 3.35 可转位刀片面铣刀
1、4—螺钉;2—起子;3—刀垫;5—内六角扳手

图 3.36 可转位刀片球头铣刀
1、4—螺钉;2—起子;3—刀垫;5—内六角扳手

(4)刀具几何角度:刀具切削部分组成要素:刀具种类繁多,结构各异,但其切削部分的几何形状和参数都有共性,总是近似地以普通外圆车刀的切削部分为基础,确定刀具一般性定义,分析刀具切削部分的几何参数。普通外圆车刀刀具角度标注如图 3.37 所示。夹固式的夹紧机构如图 3.38 所示。

图 3.37 外圆车刀刀具角度标注   **图 3.38 夹固式的夹紧机构**

车刀角度名称:γ_0——前角;α_0——后角;β_0——楔角;K_γ——主偏角;K'_γ——副偏角。

(5) 刀具的工作角度:上述的刀具角度是在刀具静止参考系中定义的角度,即在不考虑刀具的具体安装情况和运动影响的条件下而定义的刀具标注角度。实际上,在切削加工中,由于进给运动的影响或刀具相对于工件安装位置发生变化时,常常使刀具实际的切削角度发生变化。这种在实际切削过程中起作用的刀具角度,称为工作角度。通常进给运动对刀具角度的影响趋势为前角增大、后角减小。刀尖安装高度高于旋转中心时对刀具角度的影响与进给运动相同,低于旋转中心时则影响相反。

2) 刀具的选择

一般优先采用标准刀具,必要时也可采用各种高生产率的复合刀具及其他一些专用刀具。此外,应结合实际情况,尽可能选用各种先进刀具,如可转位刀具、整体硬质合金刀具、陶瓷涂层刀具等。刀具的类型、规格和精度等级应符合加工要求,刀具材料应与工件材料相适应。

(1) 对刀具性能的要求:在刀具性能上,数控机床加工所用刀具应高于普通机床加工所用刀具。所以选择数控机床加工刀具时,还应考虑以下几个方面:

① 切削性能好:为使刀具在切削粗加工或难加工材料的工件时,能采用大的背吃刀量和高速进给,刀具必须具有能够承受高速切削和强力切削的性能。同时,同一批刀具在切削性能和刀具寿命方面一定要稳定,以便实现按刀具使用寿命换刀或由数控系统对刀具寿命进行管理。

② 精度高:为适应数控加工的高精度和自动换刀等要求,刀具必须具有较高的精度。如有的整体式立铣刀的径向尺寸精度高达 0.005 mm 等。

③ 可靠性高:要保证数控加工中不会发生刀具意外损坏及因潜在缺陷而影响到加工的顺利进行等情况,要求刀具及与之组合的附件必须具有很好的可靠性及较强的适应性。

④ 耐用度高:数控加工的刀具,不论在粗加工或精加工中,都应比普通机床加工所用刀具具有更高的耐用度,以尽量减少更换(或修磨刀具)及对刀的次数,从而提高数控机床的加工效率,保证加工质量。

⑤ 断屑及排屑性能好:数控加工中,断屑和排屑不像普通机床加工那样,能及时由人工处理,切屑易缠绕在刀具和工件上,会损坏刀具和划伤工件已加工表面,甚至会发生伤人和设备事故,影响加工质量和机床的顺利、安全运行,所以要求刀具应具有较好的断屑和排屑性能。

(2) 立铣刀受力分析:从刀具受力,使用的方便性、经济性,特别是从学生实习的方便性角度来分析。三刃立铣刀的刀刃螺旋角大,切削时对于某一刀刃来讲,刀刃与工件的接触从切入时的一点逐渐增大到最大,然后减小到最小直至离开,当一个刀刃的切削力由大开始减小时另一个刀刃又已经开始切入,刀具受力变化小,受冲击小。二刃键槽铣刀,刀刃的螺旋角小,刀刃一旦切入工件,切削力几乎很快就达到最大值,当一个刀刃离开工件时另一个刀刃可能还没有切入工件,刀具受到的冲击力大。所以工厂里的铣工通常喜欢使用三刃铣刀,因其受冲击力小,铣削过程平稳,震动小,而键槽铣刀主要的一个优点是在精铣键槽时,二刃刀受力对称,铣出的键槽直线性好,通常用于铣削键槽,也是二刃刀被称为键槽铣刀的原因。

就使用方便性而言,二刃铣刀能在工件中间进刀,使用三刃铣刀必须在下刀点预先钻孔,因为三刃铣刀在刀具端面中心处有一个刃磨用的顶针孔,刀刃不到中心部,所以 Z 向不能直接进刀,在 CAM 加工中,可选择坡走铣或螺旋下刀方式,而二刃铣刀刀刃到中心部,可以 Z 向直接进刀,所以使用方便,特别是对于学生实习。球头模具铣刀刀刃到中心部,也可以 Z 向直接进刀。从经济性考虑,普通立铣刀与球头模具立铣刀相比形状简单,要便宜得多。选择原则:二维轮廓的粗、精铣,三维曲面的粗铣选择键槽铣刀或镶片式立铣;三维曲面的精铣为了给后道工序留下较小的抛光余量,选择球头模具立铣刀。

粗加工铣削斜面时在相同的切削深度的情况下,键槽铣刀与球头模具铣刀铣削的残余量大小如图 3.39 所示。

图 3.39 铣刀对残余量大小的影响

3)切削用量的选择

(1)刀具耐用度的定义:刀具由开始切削一直到磨损量达到磨钝标准为止的总切削时间称为刀具耐用度,以符号 C 来表示。

刀具耐用度与刀具寿命这两个名词含义不同。刀具寿命是表示一把新刀从投入切削起,到报废为止总的实际切削时间,其中包括该刀具多次重磨,因此刀具寿命等于这把刀的刃磨次数(包括新刀开刃)乘以刀具的耐用度。

(2)切削用量与刀具耐用度的关系:切削速度对刀具耐用度影响最大,其次是进给量,最后是切削深度。

(3)金属切除率与切削用量的选择:对于粗加工,要尽可能保证较高的单位时间金属切除量(金属切除率)和必要的刀具耐用度。在车削加工中,单位时间内的金属切除量可以用下式计算:

$$Z_\omega \approx 1\,000vfa_\mathrm{p} \tag{3.6}$$

式中:Z_ω——单位时间内的金属切除量($\mathrm{mm^3/s}$);

　　　v——切削速度($\mathrm{m/s}$);

　　　f——进给量($\mathrm{mm/r}$);

　　　a_p——切削深度(mm)。

提高切削速度、增大进给量和切削深度,都能提高金属切除率。同时考虑到切削用量与刀具耐用度的关系,所以,在选择粗加工切削用量时,应优先采用大的切削深度,其次考虑采用大的进给量,最后才选择合理的切削速度。

工厂中实际切削用量制定的通常方法是:

① 经验估算法:凭工艺人员的实践经验估计切削用量。

② 查表修正法:将工厂生产实践和试验研究积累的有关切削用量的资料制成表格,并

汇编成册。确定切削用量时根据零件材料、刀具材料从手册中查出切削速度 v(m/min)和每转进给量 S_0(mm/r),以此计算出主轴转速和进给速度,再结合工厂的实际情况进行适当修正。计算公式如下(其中:D 为刀具直径;n 为主轴转速;F 为进给速度):

$$n = (1\ 000 \times V \times K)/(\pi \times D) \qquad (3.7)$$
$$F_{xy} = n \times S_0 \times Z \times K \quad F_z = F_{xy}/2 \qquad (3.8)$$

式中:K——工件—刀具—机床系统的刚性修正系数;

    D——铣刀直径;

    Z——铣刀齿数。

针对球头刀(球头部切削,还与切削深度有关)如图 3.40 所示。

用以下公式计算主轴转速 n、XY 平面进给速度 F_{xy}、Z 向进给速度 F_z。

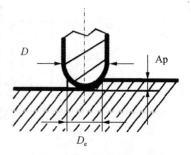

$$n = (1\ 000 \times V \times K)/(\pi \times D_e) \qquad (3.9)$$
$$F_{xy} = n \times S_0 \times Z \times K \quad F_z = F_{xy}/2 \qquad (3.10)$$
$$D_e = 2 \times Sqr[A_P \times (D - A_P)] \qquad (3.11)$$

式中:A_P——实际切削深度;

图 3.40 球头刀切削截面

    D_e——实际最大切削直径。

切削深度应根据工件的加工余量和机床—夹具—刀具—工件系统的刚性来确定。在保留半精加工、精加工必要余量的前提下,应当尽量将粗加工余量一次切掉。只有当总加工余量太大,一次实在切削不完时,才考虑分几次走刀。走刀次数多,从辅助时间来说,是不合适的。粗加工时限制进给量提高的因素是切削力。进给量主要根据机床—夹具—刀具—工件系统的刚性和强度来确定。在工艺系统的刚性和强度好的情况下,可选用大一些的进给量;在切削细长轴类、铣削大平面薄板件等刚性差的零件时,首先要考虑怎样提高加工系统的刚性,切削用量的选择要使加工系统的变形、震动控制在不影响加工精度的范围内。

断续切削时为了减少冲击,应降低一些切削速度和进给量。车削内孔时刀杆刚性差,应适当采用小一些的切削深度和进给量。车削端面时可适当提高一些切削速度,使平均速度接近车削外圆时的数值。

加工大型工件时,机床和工件的刚性较好,可采用较大的切削深度和进给量,但切削速度则应降低,以保证必要的刀具耐用度,同时也使工件旋转时的离心力不致太大。

(4)加工精度、表面质量与切削用量选择的关系:半精加工、精加工时首先要保证加工精度和表面质量,同时应兼顾必要的刀具耐用度和生产效率。

半精加工、精加工时的切削深度根据粗加工留下的余量确定。限制进给量提高的主要因素是表面粗糙度。为了减小工艺系统的弹性变形,减小已加工表面的残留余量的大小,半精加工尤其是精加工时一般多采用较小的切削深度和进给量。在曲面加工和带有曲面的模具加工中,为了保证加工精度,粗加工选择切削用量时,通常采用小切深,快进给。以便给精加工留下均匀一致且比较小的残余量,使得精加工切削时切削力小,工艺系统的弹性变形小,应变引起的切削误差小。在切削深度和进给量确定之后,一般也是在保证合理刀具耐用度的前提下确定合理的切削速度。

为了抑制积屑瘤和鳞刺的产生,以提高表面质量,用硬质合金刀具进行精加工时一般多采用较高的切削速度,高速钢刀具则一般多采用较低的切削速度。例如,硬质合金精车刀的切削速度一般在 80~100 m/min。

精加工时刀尖磨损往往是影响加工精度的重要因素,因此应选用耐磨性好的刀具材料,并尽可能使之在最佳切削速度范围内工作。

在钻、扩、铰的工序中,通常为了保证孔的位置精度,先打中心孔,然后再钻、扩、铰,扩、铰的加工余量大小还可以根据钻夹头的跳动情况适当修改。当钻夹头的跳动很小时,可减小扩孔加工余量到 0.75 mm,铰加工余量到0.1 mm。在铸铁上加工直径为 ϕ30 mm(或 ϕ32 mm)的孔时,可直接用 ϕ28 mm(或ϕ30 mm) 钻头预钻一次。

但对于具体的数控机床,如小型数控车床、铣床和教学型的数控车床、铣床,应按相应的数控机床的刚性情况减小到所允许的合理切削用量范围内。

习　题

3.1　何为工艺过程? 它对组织生产有何作用?

3.2　在对零件图进行工艺分析时,分析的内容是什么? 作用是什么?

3.3　粗、精加工基准选择原则是什么?

3.4　工序集中与工序分散各有哪些优缺点? 加工中心加工通常采用哪种方式,为什么?

3.5　加工工序安排的主要原则有哪些?

3.6　数控机床所用的夹具通常有哪些? 其作用是什么?

3.7　针对以下不同情况:粗、精加工;大批量、小批量;自动编程、手动编程,刀具、刀具材料的选择原则是什么?

3.8　试论述硬质合金、高速钢底基涂层(陶瓷、硬质合金等)、高速钢刀具材料的性能,实际加工中如何选择?

3.9　粗、精加工切削用量的选择原则是什么?

3.10　试分析进刀方式的选择与加工精度要求和刀具类型的关系。

4 UG 软件基本操作

4.1 UGNX 界面初步认识

打开 UG,在没有打开文件之前的用户界面如图 4.1 所示。

图 4.1 UG 启动后的初始界面

(1)新建一个零件文件的操作如下:点击"文件"→"新建"功能键,弹出"新建"对话框,如图 4.2 所示。

图 4.2 "新建"对话框

设定文件夹路径、文件名称,按"确定",界面如图 4.3 所示。

图 4.3 新建文件界面

(2) 打开一个已存在文件的操作:点击"文件"→"打开"功能键,弹出"打开"对话框,如图 4.4 所示。

图 4.4 "打开"对话框

找到文件存放的目录夹,选择要打开的文件,按"OK",界面显示被打开零件的图形模型,如图 4.5 所示。

图 4.5　打开已存旋钮零件的界面

　　（3）资源板：资源板包括一个资源条和相应的显示框。资源条中有装配导航器、部件导航器、历史记录、角色等内容。在资源条上选择所需要的选项，则在资源条相邻的右侧显示相应的内容，图 4.6 为部件导航器的显示框，如图 4.7 所示为历史记录的显示框。通过使用资源板，用户可以很方便地获取相关的资源信息。

图 4.6　部件导航器

图 4.7　历史记录

部件导航器中记录了用户绘制零件模型的顺序,以及模型所含有的所有特征。

部件导航器显示当前活动的部件(称为工作部件)的模型和图纸内容。装配导航器显示顶级显示部件的装配结构。

通过部件导航器用户可以对模型进行尺寸修改、顺序更改等,修改尺寸可用回滚编辑功能,如图 4.8 所示。

（a）　　　　　　　　（b）

图 4.8　在部件导航器中回滚编辑修改尺寸

(4) 角色:NX 包含了许多高级功能,可以使用角色限制或定制用户界面上看到的工具。

角色可以裁剪用户界面,隐藏不使用的工具,从而实现特定的日常任务。

如果是 NX 的新用户,或是不常使用 NX,建议使用默认的基本功能角色,使用此角色,命令按钮的图标比较明显,其下显示有命令名称。

随着使用此软件积累的经验越来越多,还可以使用定制工具,根据自己的需要组织菜单和工具条,随后将设置保存为个性化角色。

(5) 历史记录:历史记录资源板中记录了用户最近使用(保存过)的文件,可以从中直接打开其零件。

4.1.1　命令菜单栏

命令菜单采用的是最常用的下拉式菜单形式。UG 命令菜单常用的有:文件、分析、应用模块、曲线、曲面、渲染、工具、视图等。

直接点击菜单命令或同时按下 Alt 键和命令键右边的字符,就能进入相应的菜单功能。

任一个命令都可以从"菜单"指令进入。点击"菜单",下拉菜单中的命令有:文件、编辑、视图、插入、格式、工具、装配、信息、分析、首选项、窗口、GC 工具箱、帮助。

文件管理与建模插入的命令菜单示例如图 4.9 和图 4.10 所示。

图 4.9　"文件"命令菜单示例

图 4.10　"插入"命令部分菜单示例

4.1.2 工具栏

1) 工具栏

工具栏是菜单栏中各命令的快捷图标的集合。

例如,将一个草图截面沿一个矢量拉伸创建特征的操作:

点击"菜单"→"插入"→"设计特征"→"拉伸"命令(也可以直接在工具栏界面中点击"拉伸"快捷图标命令),弹出拉伸命令对话框(利用快捷图标更快捷)。

在命令菜单栏位置处,点击鼠标右键,弹出命令菜单是否显示还是隐藏的设定,如图4.11所示(菜单条很长,为了图示方便,截成了两段并立排放)。

图 4.11 命令菜单显示还是隐藏的设定

在工具栏中,功能命令是否在工具栏显示的操作:展开下拉菜单,在菜单命令前面打√,则命令功能在功能菜单栏显示,否则不显示。如图4.12所示。

(a)   (b)

图 4.12 功能按钮图标的隐藏与显示

2）定制工具栏

用户可以根据工作的需要对工具栏进行定制：显示或隐藏功能命令、功能按钮命令，以及添加、移除和重新排列工具条上的命令。

（1）定制的目的：尽可能地保证需要的功能图标显示在工具栏，同时绘图工作区尽可能大。即提高效率，方便操作。

（2）操作

① 在工具栏的空白处点击一下，在弹出菜单的最下一行位置点击"定制"，弹出定制对话框，如图 4.13 所示。

② 移除工具栏中的图标：在"定制"对话框中的任一选项卡中，将要移除的命令图标拖离工具栏即可。

③ 添加命令到工具栏：切换到"命令"选项卡，选择类别后（点击展开某一类别），再从命令对话框中将该命令从对话框拖放到工具栏中。

图 4.13　"定制"对话框

4.2 基本操作

4.2.1 鼠标与键盘的操作

旋转模型:按住鼠标中键(MB2)的同时拖动鼠标。要围绕模型上某一个位置旋转,可先在该位置按住 MB2 一会儿,然后开始拖动。

平移模型:可在按住鼠标中键和右键(MB2+MB3)的同时拖动鼠标。也可以按住 Shift 和 MB2。

缩放模型:滚动鼠标滚轮进行缩放,也可按住鼠标左键和中键(MB1+MB2)的同时拖动鼠标。

恢复正交视图或其他默认视图,右键单击图形窗口的空白区域,从定向视图菜单中选择一个视图。

4.2.2 模型的显示

1) 定向视图

模型在视图界面显示的视角有 8 种最基本的显示视角:正二测视图、正等测视图、俯视图、前视图、右视图、仰视图、后视图、左视图。

选择合适的视角便于在建模过程中对模型的观察,看清楚模型不同侧面的形状。

点击定向视图下拉菜单"▼"符号,展开视角,如图 4.14 所示。选择其中某一视角,模型工作界面就进入该视角。

图 4.14 图形视角

饭盒模型的几个不同视角显示如图 4.15 所示。

图 4.15 饭盒的不同视角显示

2）渲染样式

构建模型时为了便于观察，以及便于操作时的图素选择，就需要着色显示或线框模型等显示。

渲染样式：新部件的渲染样式是由用于创建该部件的模板决定的。要更改渲染样式，点击渲染样式下拉菜单，如图 4.16 所示，从渲染样式菜单中可以选择一个样式。

"着色"样式：工具条提供的着色选项可快速设置照片般逼真的实时显示。

从中可以选择所需的某一显示模式，如饭盒模型的着色显示模式和静态显示模式，如图 4.17 所示。

图 4.16　显示模式

（a）着色显示

（b）静态显示

图 4.17　饭盒模型的着色和静态显示

模型显示的入口路径除从菜单进入以外，也可以在建模工作区点击鼠标右键，弹出快捷菜单，从中选择一种模式，如图 4.18 所示。

（a）

（b）

图 4.18　定向视图、渲染模型的另一个入口

4.2.3 图层操作

在 UG 软件的操作过程中,在同一视图界面中,可以同时显示出所有对象,但对于模型的修改或对模型某些细节部分的观察不方便或分辨不清,也不便于对各种模型对象的管理。为此,软件中引入了"图层"的概念。

图层相当于透明的图纸,每个图纸上可以放置各种对象,所有图层叠加起来就是模型的所有对象。且每个图层可以设定成可见或不可见,图层是三维的。

图层设置入口路径:"菜单"→"格式"→"图层设置"。如图 4.19 所示(为了图示方便,将对话框截成了两段并列排放)。

图 4.19 "图层设置"对话框

在工作图层设定文本框中,设定图层如"2",2 层就是工作图层,即当前工作图层,工作图层一定是可选的、可见的。除当前图层外,其他图层可以设定成可见或不可见。

4.2.4 点构造器

在建模过程中,必不可少的过程是确定模型的尺寸和位置,点构造器是用来确定三维空间位置的最普通和最常用的工具。

点构造器是一个对话框,常常根据建模的需要自动出现,不需要用户特意选择点构造器。但也可以独立使用来创建一些独立的点对象。

在工具栏中点击"菜单"→"插入"→"基准/点"→"点"命令,就弹出"点构造器"对话框,如图 4.20 所示。

(1)点击类型栏文本框右侧的"▼"下拉图标,弹出以下的选择项,可以用多种方式产生点,如图 4.21 所示。

① 自动判断点:自动判断推测出的方法来定点:光标位置点、已存在点、端点、控制点或

中心点。

② 光标位置：在光标位置定出一个点。

③ 现有点：在已存在的点位置指定一个点位置。

④ 端点：在已有直线、圆弧、二次曲线或其他曲线的端点位置指定一个点位置。

⑤ 控制点：在已存几何对象的控制点位置指定一个点位置。

⑥ 交点：在已存两曲线的交点位置或在已存曲线与另一个已存表面（或平面）的交点位置指定一个点位置。

⑦ 圆弧中心/椭圆中心/球心：在圆弧、椭圆、圆、椭圆弧或球体的中心位置指定一个位置。

⑧ 圆弧/椭圆上的角度：沿已存圆弧或椭圆上的指定圆心角位置指定一个点位置。

⑨ 象限点：在已存圆弧或椭圆的象限点位置指定一个点。

⑩ 点在曲线/边上：在已存曲线或实体、片体的边上指定一个位置。

⑪ 点在面上：在已存曲面上指定一个位置点。

⑫ 两点之间：在已存直线的两点之间指定一个点位置。

⑬ 样条极点：已存样条曲线的极点位置。

⑭ 按表达式：按表达式指定一个点位置。

图 4.20　点构造器

图 4.21　点构造器类型展开

（2）坐标栏中的参考：绝对、WCS 是指下面坐标栏中的坐标值的基准。即下面所设定的坐标值是相对于绝对坐标原点还是相对于工作坐标原点。

在坐标栏的 X、Y、Z 右侧的文本框中，输入所需坐标值，点击"确定"，就会在界面上产生一个三维坐标点。

（3）偏置：使用相对定位方法来确定点位置，相对于指定的一个参考点再加上偏置值来确定一个点位置。相对定点方法相当于将坐标系原点移动到指定的参考点，然后相对于这一参考点，再偏置一个位置来确定一个点位置。偏置设定如图 4.22 所示，可用五种方式。

4.2.5 坐标系构造器

用于改变当前工作坐标系（WCS）——原点与坐标轴方向；当把一个模型文件合并到当前工作模型文件中时也需要利用矢量构造器来确定对象加入到当前模型中的方位。

在建模过程中，通过灵活调整工作坐标原点和方位，可以方便建模，提高建模速度。入口路径如图 4.23 所示。

图 4.22 点构造器偏置展开

图 4.23 WCS 坐标系设定入口路径

（1）动态：通过拖动"平移柄"或"旋转柄"动态地改变工作坐标系的原点与方向，如图 4.24 所示。

（2）原点：用点构造器改变工作坐标系原点，见点构造器对话框。

（3）旋转：绕指定坐标轴旋转指定角度以改变 WCS 的方位，但 WCS 原点保持不变，如图 4.25 所示。

图 4.24　动态移动或重定向 WCS

图 4.25　"旋转 WCS"对话框

4.2.6　基准轴

基准轴分为固定基准轴和相对基准轴。固定基准轴是固定在基准坐标系上的三个矢量轴：X 轴、Y 轴、Z 轴；工作坐标系 WCS 上的三个坐标系：XC 轴、YC 轴、ZC 轴。相对基准轴相当于一个单位矢量。

（1）用途

① 作为中心线，如圆柱、旋转特征的中心线；

② 作为草图的定向参考；

③ 尺寸标注的参考；

④ 旋转特征的参考轴；

⑤ 作为矢量的参考。

（2）操作：设置基准轴入口路径，点击"菜单"→"插入"→"基准/点"→"基准轴"，如图 4.26 所示，弹出基准轴对话框，如图 4.27 所示。

图 4.26 设置基准轴入口路径

（3）类型项展开："类型"下拉列表中包括各种定义基准轴的方式，如图 4.28 所示。

图 4.27 基准轴对话框

图 4.28 基准轴类型展开

① 自动判断：根据选择的对象系统自动选择相应的创建方式来产生基准轴。

② 交点：经过两个平面或基准平面的交线产生一条新的基准轴，如图 4.29 所示。

③ 曲线/面轴：以线性边、曲线、基准轴或柱面、锥面为定义基准轴的对象，如图 4.30 所示。

（a）

（b）

图 4.29 两面相交产生基准轴

④ 曲线上的矢量:选择一条曲线,通过在曲线上的点产生一条基准轴。

曲线上的位置:确定点位置有两种方式:圆弧长、％圆弧长。

曲线上的方位:有相切、法向、副法向、垂直于对象、平行于对象。如图 4.31 所示。

　　　　　(a)　　　　　　　　　　　　　　　　(b)

图 4.30　由面产生基准轴

　　　　(a)　　　　　　　　　　　　　　　(b)

图 4.31　曲线上一点及其法向产生矢量

⑤ *XC* 轴、*YC* 轴、*ZC* 轴:分别以 *X*、*Y*、*Z* 三个坐标轴为基准轴。

⑥ 点和方向:选择一个点和一个矢量,将产生一条经过参考点且平行或垂直矢量的基准轴。如图 4.32 所示。

(a)   (b)

图 4.32　由点和指定矢量方向产生矢量

⑦ 两点：选择两个点，以两点的连线为矢量创建基准轴，如图 4.33 所示。

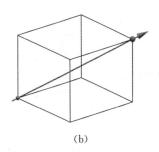

(a)   (b)

图 4.33　由两点产生矢量

5 创建草图

1）UG 草图简介

草图概念：草图是特征、是附着在基准平面上的，且具有约束的一组二维曲线，用于形成拉伸、旋转或扫掠特征。反映模型某一截面的轮廓形状，草图中所用的图形元素都可以进行参数化控制。草图用途举例如图 5.1 所示。

2）UG 草图特点

（1）UG 草图是二维特征，具有特征的操作性和可修改性。

（2）草图特征是由定位在指定平面上的一组点和曲线组成，并用名字命名。

（3）草图设计时，只要粗略画出零件轮廓大致形状，精确尺寸由约束来控制。

（4）通过几何约束和尺寸约束得到精确二维几何尺寸。

5.1 草图任务环境

单击"菜单"→"插入"→"任务环境中的草图"，系统就进入建模功能的创建草图环境，如图 5.2 所示。

图 5.1 草图用途举例

图 5.2 "创建草图"对话框

进入草图任务环境的其他入口：

① 在工具栏中直接单击"草图"功能按钮，弹出创建草图对话框，如图 5.2 所示。

② 对已创建的草图进行编辑，最常用的方法是：在部件导航器栏，将光标放在将要编辑的某个草图上双击左键，就进入该草图状态，可以进行编辑。编辑结束，点击"完成草图"退出编辑。或将光标放在将要编辑的某个草图上点击右键，在弹出的菜单中点击"可回滚编辑"，就进入草图状态可以进行编辑，如图 5.3 所示。

图 5.3 编辑草图常用入口示例

进入 UG NX 草图后,草图环境如图 5.4 所示。

图 5.4 草图创建界面

点击草图工具栏中的"完成草图"按钮,就退出草图。

5.2　创建草图

创建草图的主要过程：首先用鼠标草绘一个图形相似、尺寸相近的图形，然后进行主要的位置约束、主要的尺寸约束，再进行次要的尺寸、位置约束。

5.2.1　产品零件一般设计过程

设计意图（分析零件设计方法）→设定工作层（草图放在哪一层）→检查预设置（检查预设计的约束、精度和尺寸）→指定草图平面→构建草图曲线（大致勾画轮廓）→添加约束（加几何、尺寸约束）→建立实体（应用拉伸等构建特征）→修改设计（编辑修改草图）。

5.2.2　明确设计意图

草图的强大功能在于能够捕捉设计意图，通过施加约束，可以使得草图按照我们的意图来改变。设计思路通常为：

① 分析零件，明确要控制的参数，对形状和轮廓的要求，潜在的变化区域在哪里。
② 明确设计方法。
③ 用哪个特征。
④ 建模分几步进行。

5.2.3　设定工作层和预设置

便于图形查看、修改等，见图层操作。

检查预设置：利用草图首选项，可以进行草图文本高度、小数位数和默认前缀名称等基本参数设置，以便于更准确有效地绘制草图（通常不用设置）。

选择"菜单"→"首选项"→"草图"，打开草图首选项对话框，如图 5.5～图 5.7 所示。

图 5.5　草图首选项 1　　　　图 5.6　草图首选项 2　　　　图 5.7　草图首选项 3

5.2.4 草图样式

屏幕上固定文本高度。不选取,则在草图工作界面中标注尺寸文本的大小,随着视觉的远近改变大小;打勾选取该项,则标注尺寸文本的大小,就是该选项下面的文本高度后的设定文本框中的数值大小。

其余选项意义见图 5.5～图 5.7 所示。

5.2.5 指定草图平面

创建草图类型有两种:在平面上、基于路径。

(1) 在平面上(见图 5.8)

以平面为基础创建所需的草图平面。在"平面方法"下拉列表中,提供了 2 种指定草图工作平面的方式,如下:

a. 自动判断:不用操作人员指定,系统自动指定工作平面。通常指定 *XOY* 平面作为草图基准平面。

b. 新平面:指定平面就是将现有的任意基准面或模型中的平面设置为草图工作平面。用新创建的平面作为草图平面,如图 5.9 所示。

图 5.8 创建草图的平面方法选择

图 5.9 新平面作为草图平面

在图 5.9 中点击在指定平面后面的"平面对话框"按钮,用弹出的平面对话框,如图 5.10 所示,创建平面的类型即方法如图 5.11 所示。选择一种方法创建出所需的工作平面。

图 5.10　"创建平面"对话框

图 5.11　创建平面类型展开

(a)

(b)

图 5.12　在轨迹上创建草图

c. 图 5.9 中的草图方向的参考下拉列表中有"水平"和"垂直"两种参考。

水平参考就是指定草图平面的 X 方向。选择草图方向选择框中的参考为水平,点击选择参考,在界面上选择的矢量方向就是草图的水平 X 方向;选择 Y,就是在界面选择的矢量是 Y 方向。

d. 图 5.9 中的草图原点的指定点就是用点构造器指定坐标系原点。

(2) 基于路径

利用直线、圆弧、圆以及实体边线、棱边和截交线等现有曲线为轨迹,创建草图的工作平面。如图 5.12 所示,是以实体的一条边的 20% 为轨迹创建草图工作平面。

根据预览以上草图平面,如合适,可直接按"确定",创建出草图基准平面。

5.2.6　构建草图曲线

创建草图就是在草图平面内,利用草图曲线工具徒手画出大小相近、形状相似的草图曲线,不需精确构造。单个草图曲线尽可能地简单。

工具栏的草图曲线功能按钮,如图 5.13 和图 5.14 所示。

图 5.13　草图曲线功能按钮未展开　　　　图 5.14　草图曲线功能按钮展开后

(1) 轮廓:以线串模式创建一系列连接的直线或圆弧,也就是说,上一条曲线的终点就是下一条曲线的起点。点击轮廓按钮弹出轮廓对话框,如图 5.15(a)所示。对象类型选择(点击直线或圆弧按钮),就是选择创建的轮廓是直线或圆弧。输入模式选择就是输入的图素端点坐标是用 (XC,YC) 坐标还是用(长度,角度)坐标进行输入。所画连续线示例如图 5.15(b)所示。

(a)"轮廓"对话框　　　　　　　　(b) 画连续线

图 5.15　"轮廓"对话框和所画的连续线　　　　图 5.16　"矩形"对话框

(2) 矩形:可以创建三种矩形。

点击工具栏中的"矩形"按钮,弹出"矩形"对话框,如图 5.16 所示。

① 两点:指定矩形的对角线上的两点创建矩形,如图 5.17 所示。

图 5.17　两点创建矩形　　　　　　图 5.18　三点创建矩形

② 三点:用三点定义,第一点起点,第二点确定矩形的宽度和角度,第三点确定矩形的高度,如图 5.18 所示。

③ 从中心：也是用三点定义，第一点为矩形的中心，第二点为矩形的宽度和角度，第三点确定矩形的高度，如图 5.19 所示。

图 5.19 从中心三点创建矩形

（3）直线：用约束自动判断创建一条直线，即输入两个点创建一条直线。

（4）圆弧：通过三点或通过指定中心和端点创建圆弧。即有两种方法：起点、终点、圆弧上的点；圆心点、起点、终点。

（5）圆：通过三点或通过指定中心和直径创建圆弧。即有两种方法：三点创建圆；圆心、圆上的一点（输入直径）。

（6）点：用点构造器创建一个点。

（7）倒斜角：对两条草图线之间的尖角倒斜角，可设定一个数值或随意地动态倒角，偏置倒斜角方式有：对称、非对称、偏置和角度。倒斜角对话框如图 5.20 所示。

点击工具栏中的"倒斜角"功能按钮，弹出如图 5.20 所示的对话框。操作图例如图 5.21 所示。

图 5.20 "倒斜角"对话框

图 5.21 倒斜角图例

（8）圆角：两条或三条曲线之间倒圆角，有修剪和不修剪，如图 5.22 所示。

图 5.22 倒圆角图例

（9）快速修剪：以任意方向将曲线修剪至最近的交点或选定的边界。点击部分被修剪了（见图 5.23）。

图 5.23 快速修剪图例

(10) **快速延伸**:将曲线延伸至另一临近曲线或选定的边界(见图 5.24)。

图 5.24 快速延伸图例

(11) **制作拐角**:延伸或修剪两条曲线以制作拐角(见图 5.25)。

图 5.25 制作拐角

图 5.26 "移动曲线"对话框

(12) **修剪配方曲线**:相关的修剪配方(投影/相交)曲线到选定的边界。(略)

(13) **移动曲线**:移动一组曲线,并调整相邻曲线以适应。

点击工具栏中的"移动曲线"功能按钮,弹出移动曲线对话框,变换运动选项已展开。如图 5.26 所示。

① 变换运动选项:距离—角度,该选项的意思是,选择的曲线绕指定枢轴点旋转指定的角度然后在指定的矢量方向移动一个指定的距离。如图 5.27 所示。

     (a)   (b)

图 5.27　移动曲线(距离-角度)

② 距离:选择的曲线在指定的矢量方向移动一个距离。如图 5.28 所示。

     (a)   (b)

图 5.28　移动曲线(距离)

③ 角度:选择的曲线绕着指定的轴点旋转一个角度。如图 5.29 所示。

（a）　　　　　　　　　　　　　（b）

图 5.29　移动曲线（角度）

④ 点之间的距离：按原点与某一轴的测量点之间的距离来定义运动。如图 5.30 所示。

（a）　　　　　　　　　　　　　（b）

图 5.30　移动曲线（点之间的距离）

⑤ 点到点：按一点到另一点的变换来定义运动。如图 5.31 所示。

(a)　　　　　　　　　　　　(b)

图 5.31　移动曲线(点到点)

⑥ 根据三点旋转:按绕某一轴的旋转来定义移动,该角度是在三点之间测量的。如图 5.32 所示。

(a)　　　　　　　　　　　　(b)

图 5.32　移动曲线(根据三点旋转)

⑦ 将轴与矢量对齐:按绕某一枢轴点来定义运动,这样该轴即与某一参考矢量平行。如图 5.33 所示。

(a)　　　　　　　　　　　　(b)

图 5.33　移动曲线(将轴与矢量对齐)

⑧ 动态：使用 WCS 动力学操作器确定变换，即动态移动。

⑨ 增量：使用相对于绝对或工作坐标系的 X、Y、Z 增量值确定变换。

（14）偏置曲线：对草图平面上的草图曲线或由曲线功能画出的曲线、边缘沿指定方向偏置一定距离而产生的新曲线。

单击草图工具栏中的偏置曲线命令，弹出偏置曲线对话框如图 5.34（a）图所示，（b）图为创建偏置距离（向内）6 的曲线。两曲线过渡处处理（端盖选项）：延伸端盖。

（a）　　　　　　　　　　（b）

图 5.34　创建偏置曲线 1

创建偏置距离（向外）4 的偏置示例，两曲线过渡处处理（端盖选项）：圆弧帽形体，即圆弧过渡（见图 5.35）。

（a）　　　　　　　　　　（b）

图 5.35　创建偏置曲线 2

（15）调整曲线尺寸：通过更改半径或直径调整一组曲线的尺寸，并调整相邻曲线以适应，如图 5.36 所示。

图 5.36　调整曲线大小

（16）调整倒斜角曲线尺寸：通过更改偏置，调整一个或多个同步倒斜角的大小。原两个倒斜角距离都是 5，调整为距离 8，如图 5.37 所示。

图 5.37　斜角距离由 5 调整为 8

（17）删除曲线：删除一组曲线并调整相邻曲线以适应。如图 5.38 所示。

图 5.38　删除曲线

（18）艺术样条：采用动态反馈的、交互的方法，通过定义点建立一个相关或不相关的一条曲线。

入口路径：点击"菜单"→"插入"→"曲线"→"艺术样条"命令，弹出艺术样条曲线对话框，如图 5.39(a)所示，图(b)为通过点方法生成的艺术样条，类型选择通过点就是生成的艺术样条曲线通过设定点。艺术样条的每一个点都可以用光标拽着移动位置，动态地修改样条曲线的形状。

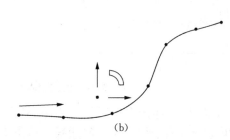

(a)   (b)

图 5.39 样条曲线对话框和样条曲线

根据极点的方法生成的艺术样条曲线如图 5.40 所示，类型选择根据极点就是生成的艺术样条由设定的极点控制，艺术样条不通过极点。艺术样条的每一个控制点都可以用光标拽着移动位置，动态地修改样条曲线的形状。

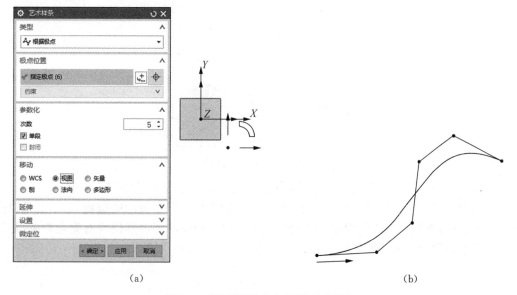

(a)   (b)

图 5.40 根据极点的方法生成的艺术样条

　　以上对话框中的点位置、极点位置就是设定点位置的。参数化组框的次数就是设定样条曲线的阶次,通常设定为 3 次,阶次太低曲线不光顺,阶次太高高次谐波多,且计算时间长。点位置控制框组的约束展开就是对艺术样条约束的设定,即将构建的艺术样条的两端与已存在的曲线相连接的关系的设定,如:G1(相切关系)、G2(曲率连续关系)、G3(流的关系)或仅仅是 G0(相连接关系)。展开设定选项如图 5.41 所示。

(a)　　　　　　　　　　　　　　　　　　　　　　(b)

图 5.41　设定艺术样条两端的约束关系(两端相切)

　　(19) 多边形:指定多边形的对称中心、设定边数、设定大小。设定大小有三种形式:多边形的内切圆半径、外接圆半径、边长。单击工具栏中的多边形按钮,弹出"多边形"对话框,如图 5.42 所示。

图 5.42　"多边形"对话框

　　以内、外半径定大小,如图 5.43、图 5.44 所示;以边长定大小,如图 5.45 所示。
　　指定点就是指定多边形的对称中心(原点),边数就是指定多边形的边数,大小就是以内切圆半径、外接圆半径或边长设定多边形的大小。以上创建的多边形还没有完全约束,还需要加一个点的重合约束,把多边形的对称中心固定到原点(或指定点)。

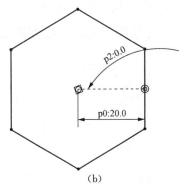

（a）　　　　　　　　　　　　　（b）

图 5.43　以内切圆半径定六边形大小

（a）　　　　　　　　　　　　　（b）

图 5.44　以外接圆半径定六边形大小

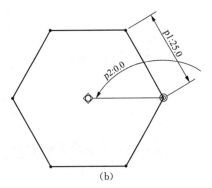

（a）　　　　　　　　　　　　　（b）

图 5.45　以边长定六边形大小

（20）椭圆：创建椭圆

入口路径：点击"菜单"→"插入"→"曲线"→"椭圆"命令，弹出椭圆对话框，如图 5.46(a)所示。

在对话框中指定中心点，设定大半径、小半径、起始角度、终止角度、中心轴的旋转角度，按"确定"就产生出所要画的椭圆。椭圆创建示例如图 5.46(b)所示。

（a）

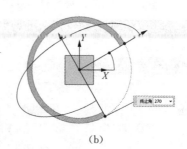

（b）

图 5.46　创建椭圆

（21）二次曲线：用起点、终点、控制点和 Rho 值创建二次曲线。

入口路径：点击"菜单"→"插入"→"曲线"→"二次曲线"命令，弹出二次曲线对话框，如图 5.47(a)所示，所创建的二次曲线示例如图 5.47(b)所示。

控制点与起点决定曲线起点的斜率，控制点与终点决定曲线终点的斜率，Rho 值决定曲线的弯曲程度，Rho 值大弯曲程度大。

（a）　　　　　　　　　　　　　　　　（b）

图 5.47　创建二次曲线

(22) 阵列曲线：对位于草图平面上的曲线链进行阵列。

入口路径：点击"菜单"→"插入"→"草图曲线"→"阵列曲线"命令，弹出阵列曲线对话框，如图 5.48(b)图所示。

圆形阵列创建示例：对称中心(0,0)，数量 5 个，节距角 50°，如图 5.48(a)所示。

线性阵列示例如图 5.49 所示，偏置方向为 Y 方向数量 3 个、节距 20 mm。

图 5.48　创建圆形阵列曲线示例

图 5.49　创建线性阵列曲线示例

(23) 镜像曲线：对草图平面上的曲线链进行镜像。

入口路径：点击"菜单"→"插入"→"草图曲线"→"镜像曲线"命令，弹出镜像曲线对话框，如图 5.50 所示。

镜像曲线操作示例：选择曲线，即选取将要镜像的曲线，选择中心线，如图 5.50(a)所示，镜像结果图 5.50(b)所示,其中作为镜像中心线的实线将转变成参考线。

（a）

（b）

图 5.50　对称中心线镜像曲线

图 5.51　"镜像曲线"对话框

（24）交点:创建曲线与草图平面的交点。

在草图环境下,草图基准平面与所选择的曲线相交产生一个交点。

产生曲线与草图平面的交点示例,如图 5.52 所示。

（a）

（b）

（c）

图 5.52　曲线与草图平面的交点

入口路径:点击"菜单"→"插入"→"草图曲线"→"交点"命令,弹出交点对话框,如图 5.52 所示。

（25）相交曲线:创建与草图平面相交的曲线。

入口路径:点击"菜单"→"插入"→"草图曲线"→"相交曲线"命令,弹出相交曲线对话框,如图 5.53 所示。

选取要相交的面,按"确定",生成的相交曲线如图 5.54 所示。

图 5.53　"相交曲线"对话框

选取顶面和半锥面
（a）

生成草图基准平面
与选取面的交线
（b）

图 5.54　创建与草图平面相交的曲线

（26）投影曲线：投影曲线是将草图外部的曲线、边、点沿草图平面的法线方向投影到草图上。可投影所有的二维曲线、实体、片体的边缘。

图 5.55 "投影曲线"对话框

入口路径：点击"菜单"→"插入"→"草图曲线"→"投影曲线"命令，弹出"投影曲线"对话框，如图 5.55 所示。

选取要投影的曲线或实体的边，曲线就投影到草图平面中，如图 5.56 所示。

(a)

(b)

图 5.56 创建投影曲线

（27）派生曲线：产生草图平面上的已有曲线的平行线或角度平分线。

入口路径：点击"菜单"→"插入"→"草图曲线"→"派生曲线"命令（或直接点击工具栏的派生曲线按钮）。

选取曲线（一条），在弹出的偏置文本输入框，输入偏置尺寸，如 45，回车，如图 5.57(a)所示。

选取一条曲线，选取第二条曲线，在长度文本输入框，输入长度尺寸，如 70，回车，如图 5.57(b)所示。

(a)

(b)

图 5.57 创建派生曲线

图 5.58 添加曲线

（28）现有曲线：将现有的共面曲线和点添加到草图中。

入口路径：点击"菜单"→"插入"→"草图曲线"→"现有曲线"命令，或直接点击工具栏的"添加现有曲线功能"按钮，弹出"添加曲线"对话框，如图 5.58 所示。选取基本曲线就将其添加到草图中。

5.3 草图约束

5.3.1 基本概念

草图约束分为几何约束和尺寸约束，通过约束确定草图曲线的位置和尺寸。

1）约束与自由度

未加约束的草绘曲线在它们的草图点上显示紫色的 X、Y 方向的小段线段,意味着该点自由度没有约束,加约束将消除自由度。

2）草图约束状态

① 欠约束:草图上还存在紫色的 X、Y 方向的小段线段。

② 充分约束:草图上线段端点、圆弧圆心上没有紫色的小段线段。草图曲线为绿色。

③ 过约束:多余的约束被添加,标注尺寸变成红色。

5.3.2 尺寸约束

点击工具栏的"快速尺寸"功能按钮,弹出如图 5.59 所示。

尺寸约束选项有:快速尺寸、线性约束、径向尺寸、角度尺寸、周长尺寸。

① 快速尺寸:通过基于选定的对象和光标位置自动判断尺寸类型来创建尺寸约束。

② 线性约束:在两个对象或点之间创建线性距离约束。

③ 径向尺寸:创建圆形对象的的半径或直径约束。

④ 角度尺寸:在两条不平行直线之间创建角度约束。

⑤ 周长尺寸:创建周长约束以控制选定直线和圆弧集体总长度。

图 5.59 "快速尺寸"对话框

尺寸标注示例,如图 5.60 和图 5.61 所示。

图 5.60 尺寸标注示例 1 　　　　　　图 5.61 尺寸标注示例 2

5.3.3　几何约束

几何约束用于确定草图对象与基准,以及草图对象与草图对象之间的几何关系。

1）常用的几何约束类型

(1) 重合:约束两个或多个顶点或点,使之重合。

(2) 点在曲线上:将顶点或点约束到一条曲线上。

(3) 相切:约束两条曲线使之相切。

(4) 平行:约束两条或多条曲线,使之平行。

(5) 垂直:约束两条曲线,使之垂直。

(6) 水平:约束一条或多条线,使之水平放置。

(7) 竖直:约束一条或多条线,使之竖直放置。

(8) 中点:约束顶点或点,使之与某条线的中点对齐。

(9) 共线:约束两条或多条线,使之共线。

(10) 同心:约束两条或多条曲线,使之同心。

(11) 等长:约束两条或多条线,使之等长。

(12) 等半径:约束两个或多个圆弧,使之具有等半径。

自由约束入口路径:直接在工具栏中点击"几何约束"功能按钮,就弹出几何约束项对话框,根据约束要求,选择不同的约束,如图 5.62 所示。

2）操作示例

(1) 共线操作

进入草图操作环境,用矩形功能画一个任意矩形,如图 5.63 所示。

图 5.62　"几何约束"对话框

图 5.63　画一个任意矩形

单击工具栏的"几何约束"命令,弹出几何约束对话框,在约束框组选择"共线"的约束,用鼠标选取基准轴 Y,选取矩形左侧的垂直边,如图 5.64 所示。

矩形左侧垂直边与 Y 轴共线,如图 5.65 所示。

图 5.64　选取要约束的两个图素

图 5.65　垂直边与 Y 轴共线

用鼠标选取 X 轴,选取矩形的下侧水平边,如图 5.66 所示。

矩形的下侧水平边与 X 轴共线,如图 5.67 所示。

图 5.66　选取要约束的两个图素

图 5.67　下侧水平边与 X 轴共线

（2）相切操作

进入草图操作环境,用轮廓功能画出图 5.68 所示的一个草图,圆点上有一条垂直短线的两处表示相切,没有的另两个连接处不相切。

图 5.68　草图操作

点击工具栏的约束命令,界面上弹出的几何约束对话框,在对话框约束框组点击"相切"约束,用鼠标选取将要使它相切的一个图素,再选取另一个图素,则两图素（圆弧和直线）就相切。另一个连接点用同样的操作,使之相切。如图 5.69 所示。

图 5.69　相切约束

图 5.70　圆心约束到 X 轴上

点击工具栏的约束命令,界面上弹出的几何约束对话框,在对话框约束框组点击"点在曲线上"约束,用鼠标选取 X 轴,再用鼠标选取一个圆弧的圆心,则圆心在 X 轴上,用同样的方法将另一个圆心也约束在 X 轴上。如图 5.70 所示。

（3）连接块操作示例

① 进入草图环境,在工具栏中点击"圆"功能按钮,创建如图 5.71 所示的三个圆（三个圆的圆心都在 X 轴附近）。

② 用"点约束在曲线上"的几何约束功能,将中间的大圆圆心约束在原点、二个小圆圆心约束在 X 轴上,如图 5.72 所示。

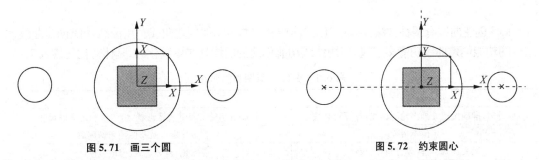

图 5.71　画三个圆　　　　　　　　　　　**图 5.72　约束圆心**

③ 用工具栏的"快速尺寸"的尺寸约束功能,标注以下的尺寸,如图 5.73 所示。

④ 用工具栏的"直线"绘图功能,画四条切线如图 5.74 所示。（如徒手画,不能保证相切,就用相切约束保证相切）

图 5.73　标注尺寸　　　　　　　　　　**图 5.74　画四条相切曲线**

⑤ 用工具栏的"圆"功能,画三个圆,并用几何约束的"同心"功能约束其圆心位置,如图 5.75 所示。

图 5.75　画三个同心圆　　　　　　　　**图 5.76　标注三个圆的尺寸**

⑥ 用工具栏的"快速尺寸"约束功能,标注三个圆的尺寸,如图 5.76 所示。

6 创建曲线

UG 创建曲线有两种方法:用草图创建曲线和用曲线功能创建曲线。用曲线功能创建曲线比用草图功能创建曲线功能多一些,但用曲线功能创建的曲线是非参数化的,具体对比见表6.1。

表 6.1　曲线与草图功能对比

曲线	草图
设计时,准确按尺寸画出轮廓曲线,计算较麻烦	粗略画出轮廓尺寸大致形状,由约束确定准确尺寸
定位不可变	可参数化定位及草图面重新附着
无表达式、可修改、但有局限性	参数化、有表达式、修改方便
不能传达设计意图	可并行设计,如 Wave 传达设计意图
曲线不能传递尺寸	草图尺寸可传递到工程制图中,标注尺寸
绘制的曲线通常在 XC - YC 平面中	草图曲线都附着在草图平面中

图 6.1　曲线菜单入口路径

草图与曲线的一般使用情况:

① 一般机械产品的设计、其截面设计都用草图设计。

② 截面线形状复杂,但又需要修改、参数化的情况用草图较合适。

③ 形状很复杂的截面、外形很复杂的曲面,如汽车覆盖件等用曲线。

曲线功能菜单入口路径有两个:曲线见图 6.1 所示,派生曲线见图 6.2 所示。

图 6.2 派生曲线菜单入口路径

6.1 曲线

6.1.1 直线

点击"菜单"→"插入"→"曲线"→"直线"命令,弹出如图 6.3 所示的对话框。或者是:在工具栏的任一处点击鼠标右键,在弹出的快捷菜单中勾选"曲线"选项,在命令菜单栏就出现"曲线"菜单命令,点击"曲线"命令,在工具栏中点击"直线"功能按钮,也弹出同样的对话框。其他可能的入口路径就不一一列出。

输入起点(点 1),回车,输入终点(点 2),回车,点击对话框的"确定",生成如图 6.4 所示的直线。点坐标的输入

图 6.3 创建直线对话框

可以用点构造器,也可以在点 1、点 2 跟随出现的工作坐标对话框,输入工作坐标值。

图 6.4　通过两点画直线

6.1.2　圆弧/圆

创建圆弧和圆特征。

点击"菜单"→"插入"→"曲线"→"圆弧/圆"命令,弹出如图 6.5(a)所示的对话框。

三点画圆弧类型:输入起点、输入终点、输入圆弧中间的一点(或输入半径值),按"确定",如图 6.5(b)所示。

(a)　　　　　　　　　　　　　　　　　　　(b)

图 6.5　创建圆弧和圆特征

从中心点开始画圆弧/圆:输入圆心点、输入圆周上的一点、按住圆点移动(或输入圆弧对应的圆周角),移动到合适位置,点击"确定",就生成出圆弧;或输入圆心点,将光标在界面上移动一下,输入半径值,将光标按住圆弧端的圆点,拉到一个合适位置(或输入一半的展开角度值),按"确定"生成圆弧。

6.1.3 直线和圆弧

创建直线和圆弧(通常是创建已有曲线的切线与切弧)。

入口路径:点击"菜单"→"插入"→"曲线"→"直线和圆弧"然后再点击直线和圆弧的其中之一的命令,用来创建直线和圆弧。

1)直线(点-点)

在点击"直线和圆弧"后接着点击"直线(点-点)"功能键,弹出如图6.6(a)所示对话框。

(a)　　　　　　　(b)　　　　　　　(c)

图 6.6 创建两点直线

可以直接用光标在绘图界面点击两点创建直线,或从坐标输入对话框(图6.6(b))输入一个点的坐标,回车,再输入一个点的坐标,回车,就创建好一条直线,或者可以用捕捉已存图素端点、中点等的办法,捕捉一个点,回车,再捕捉一个点,回车,创建一条直线(如图6.6(c)所示)。

2)直线(点-XYZ)

创建从一点出发并沿 XC、YC 或 ZC 方向的直线。

在点击"直线和圆弧"后接着点击"直线(点-XYZ)"功能键,弹出如图6.7(a)左上角所示对话框。

输入一点(40,−50,0),移动光标在大致平行X轴方向,输入线段长度,生成一条平行X轴方向的线段

输入一点(40,−50,0),移动光标在大致平行Y轴方向,输入线段长度,生成一条平行Y轴方向的线段

输入一点(40,−50,0),移动光标在大致平行Z轴方向,输入线段长度,生成一条平行Z轴方向的线段

(a)　　　　　　　(b)　　　　　　　(c)

图 6.7 创建平行坐标轴的直线

图6.7中的操作:输入直线的第一点,回车,移动光标,在大致平行坐标轴的方向,输入线段长度,就生成一条平行坐标轴方向的直线。

3)直线(点-平行)

创建从一点出发并平行于另一条直线的直线。

在点击"直线和圆弧"后接着点击"直线(点-平行)"功能键,弹出如图6.8(a)所示对话框。指定起点,选择平行参考的直线,设定长度,回车,如图6.8、图6.9所示。

图 6.8　创建通过一点的平行线 1

图 6.9　创建通过一点的平行线 2

4) 直线(点-垂直)

创建从一点出发并垂直于另一条直线的直线。

在点击"直线和圆弧"后接着点击"直线(点-垂直)"功能键,弹出如图 6.10(a)所示对话框。指定起点,选择垂直参考的直线,如图 6.10 所示。

图 6.10　创建通过一点的垂线 1

设定长度,回车,生成一条垂直线,如图 6.11 所示。

图 6.11　创建通过一点的垂线 2

5）直线（点-相切）

创建一点出发与一条曲线相切的直线。

在点击"直线和圆弧"后接着点击"直线（点-相切）"功能键，弹出如图 6.12(a)所示对话框。

图 6.12　创建通过一点的圆弧的切线 1

指定起点，选择相切参考的曲线（圆），如图 6.13(a)所示，生成一条从起点到相切圆切点的直线，如图 6.13(b)所示。

(a) 选择终止相切的曲线　　　　　　(b) 生成的与圆相切的曲线

图 6.13　创建画通过一点的圆弧的切线 2

6）直线（相切-相切）

创建与两条曲线相切的直线。

在点击"直线和圆弧"后接着点击"直线（相切-相切）"功能键，弹出如图 6.14(a)所示对话框。

选择相切的第一个圆，选择相切的第二个圆，生成与两个圆相切的切线，如图 6.15 所示。

图 6.14　创建切于两圆弧的直线 1　　　　　图 6.15　创建切于两曲线的直线 2

7）圆弧（点-点-点）

创建从起点至终点并通过中点的圆弧。

在点击"直线和圆弧"后接着点击"圆弧（点-点-点）"功能键，弹出如图 6.16(a)所示对话框。

输入圆弧的起点，回车，输入圆弧的终点，回车，输入圆弧上的中间点，回车，如图 6.16(b)所示。生成如图 6.16(c)所示的圆弧。

与通过三点画弧功能和操作方法相同,该工具条中有通过三点画圆。

图 6.16 三点画弧

8) 圆弧(点-点-相切)

创建从起点至终点并与一条曲线相切的圆弧。

在点击"直线和圆弧"后接着点击"圆弧(点-点-相切)"功能键,弹出如图 6.17(a)所示对话框。

图 6.17 圆弧对话框和一条已存直线

输入圆弧的起点,回车,输入圆弧的终点,回车,选择相切的直线,回车,如图 6.18(a)、(b)所示。生成如图 6.18(c)所示的圆弧。

图 6.18 创建通过两端点与一直线相切的弧

与该功能操作方法相同,也有通过两点与一条曲线相切画圆的功能。

9) 圆弧(相切-相切-相切)

创建与其他三条曲线相切的圆弧。

在点击"直线和圆弧"后接着点击"圆弧(相切-相切-相切)"功能键,弹出如图 6.19 所示对话框。

图 6.19 切于三曲线的圆弧对话框

选择起始相切曲线,选择终止相切曲线,选择中间相切曲线,如图 6.20(a)所示,生成切于三曲线的圆弧,如图 6.20(b)所示。

与该功能操作方法相同,也有与三条曲线相切画圆的功能。

图6.20 创建切于三曲线的圆弧

10) 圆弧(相切-相切-半径)

创建与其他两条曲线相切并具有指定半径的圆弧。

在点击"直线和圆弧"后接着点击"圆弧(相切-相切-半径)"功能键,弹出如图6.21(a)所示对话框。

图6.21 切弧对话框和两条已存曲线

选择第一条相切的曲线,选择第二条相切的曲线,输入切弧半径,如图6.22(a)所示,回车,生成如图6.2(b)所示的圆弧。

图6.22 创建切于两曲线、给定半径的圆弧

与该功能操作方法相同,也有与两条曲线相切给定半径画圆的功能。

11) 圆(圆心-点)

创建具有指定中心点和圆上一点的圆。

在点击"直线和圆弧"后接着点击"圆(圆心-点)"功能键,弹出如图6.23(a)所示对话框。输入圆心坐标,回车,输入圆周上的一点,回车,生成如图6.23(d)所示的圆。

图6.23 通过圆心和圆周上的点画圆

12）圆（圆心-半径）

创建具有指定中心点和半径的圆。

在点击"直线和圆弧"后接着点击"圆（圆心-半径）"功能键，弹出如图 6.24（a）所示的画圆对话框。

输入圆心坐标，回车，输入半径，如图 6.24（b）所示，回车，生成如图 6.24（c）所示的圆。

图 6.24　通过圆心和半径画圆

13）圆（圆心-相切）

创建具有指定中心点并与一条曲线相切的圆。

在点击"直线和圆弧"后接着点击"圆（圆心-相切）"功能键，弹出画圆对话框，输入圆心坐标，回车，选择相切的曲线，如图 6.25（c）所示，回车，生成如图 6.25（d）所示的圆。

图 6.25　指定圆心与一条相切曲线画圆

14）圆（点-点-点）、圆（点-点-相切）、圆（相切-相切-相切）、圆（相切-相切-半径）

四种创建圆的方法与前面对应的圆弧的创建方法完全相同，操作步骤也完全一样。

6.1.4　抛物线

创建具有指定边缘点和尺寸的抛物线。

点击"菜单"→"插入"→"曲线"→"抛物线"命令，弹出指定抛物线原点的点构造器的对话框，如图 6.26（a）所示，设定点（0,0,0）为抛物线顶点，按"确定"，弹出抛物线参数设定对话框，设定参数，如图 6.26（b）所示，按"确定"，生成如图 6.26（c）所示的抛物线。

图 6.26　创建抛物线

6.1.5　双曲线

创建具有指定顶点和尺寸的双曲线。

点击"菜单"→"插入"→"曲线"→"双曲线"命令,弹出指定双曲线原点的点构造器的对话框,如图 6.27(a)所示,设定点(0,0,0)为双曲线原点,按"确定",弹出双曲线参数设定对话框,设定参数,如图 6.27(b)所示,按"确定",生成如图 6.27(c)所示的双曲线。

图 6.27　创建双曲线

6.1.6　一般二次曲线

通过使用各种放样二次曲线方法或一般二次曲线方程来创建二次曲线。

点击"菜单"→"插入"→"曲线"→"二次曲线"命令,弹出一般二次曲线(七种创建方法)对话框,类型展开:七种,如图 6.28 所示。选择不同的类型创建二次曲线的方法参见下面的介绍。

1) 5 点

输入 5 点生成一条二次曲线。

类型选择"5 点",对话框转换成 5 点创建二次曲线的形式,如图 6.29(a)所示,输入起点、内部点 1、内部点 2、内部点 3、终点,按"确定",生成如图 6.29(b)所示的二次曲线。

图 6.28　一般二次曲线的"七种创建方法"对话框

(a)

(b)

图 6.29　由 5 点生成的二次曲线

2) 4 点,1 个斜率

类型选择"4 点,1 个斜率",对话框转换成 4 点一个斜率创建二次曲线的形式,如图 6.30(a)所示。

输入指定起点、指定内部点 1、指定内部点 2,指定终点,指定起始斜率。

(a)

(b)

(c)

图 6.30　4 点,1 个斜率生成二次曲线

　　指定点可以用点构造器输入点坐标。指定起始斜率操作:点击斜率组框的"矢量"对话框按钮,弹出矢量对话框,类型选择与 XC 成一角度,设定角度 60°,如图 6.30(b)所示,按"确定",生成如图 6.49(c)图所示的二次曲线。

　　3) 3 点,2 个斜率

　　类型选择"3 点,2 个斜率",对话框转换成"3 点,2 个斜率"创建二次曲线的形式,如图 6.31所示对话框。

图 6.31　"3 点,2 个斜率"二次曲线对话框

输入起点、输入内部点、输入终点。接着输入起始斜率，与上面输入曲线斜率方法相同，与 XC 轴成 65°角度，按"确定"，输入终止斜率（与 XC 成 125°角度），按"确定"，如图 6.32（a）所示，生成一条二次曲线，如图 6.32（b）所示。

| (a) | (b) |

图 6.32　3 点，2 个斜率创建二次曲线

4）3 点，锚点

类型选择"3 点，锚点"，对话框转换成"3 点，锚点"创建二次曲线的形式，如图 6.33（a）所示对话框。

指定曲线的起点，指定内部点，指定终点，再指定锚点，生成如图 6.33（b）所示的二次曲线。

| (a) | (b) |

图 6.33　3 点，锚点生成二次曲线

5) 2 点，锚点，Rho

类型选择"2 点，锚点，Rho"，对话框转换成"2 点，锚点，Rho"创建二次曲线的形式，如图 6.34(a)所示对话框。

指定曲线起点、终点、锚点和 Rho 值(0<Rho<1)，按"确定"，生成如图 6.34(b)所示的二次曲线。

(a)

(b)

图 6.34　2 点，锚点，Rho 生成二次曲线

6) 2 点，2 个斜率，Rho

类型选择"2 点，2 个斜率，Rho"，对话框转换成"2 点，2 个斜率，Rho"创建二次曲线的形式，如图 6.35 所示对话框。

图 6.35　2 点，2 个斜率，"Rho"对话框

指定起点,指定终点,指定起始斜率,指定终止斜率,方法与前面"3点,2个斜率"中的设定相同(起始斜率60°,终止斜率140°,如图6.36(a)所示),设定 Rho 值如:设定0.6,按"确定",生成由"2点,2个斜率,Rho"生成的二次曲线,如图6.36(b)所示。

(a)

(b)

图 6.36 设定角度以及生成的二次曲线

7)系数

类型选择"系数",对话框转换成"系数"创建二次曲线的形式,如图6.56所示对话框。通过设定二次曲线方程系数来生成二次曲线。

如图6.37所示,输入系数 A、B、C、D、E、F(输入数值实际数值不一定正确,仅为输入方法示例),按"确定"按钮,生成一条二次曲线。

图 6.37 由系数生成二次曲线

6.1.7　螺旋线

创建具有指定圈数、螺距、半径、旋转方向的螺旋线。

点击"菜单"→"插入"→"曲线"→"螺旋线"命令，弹出螺旋线对话框，如图6.38(a)所示。

(a)　　　　　　　　　　(b)

图6.38　螺旋线对话框及生成圆柱螺旋线

(1) 圆柱螺旋线参数的设置示例：基准点(0,0,0)，直径规律恒定，直径50、高度100、螺距20、旋转方向右手。如图6.38(b)所示。

(2) 不等直径螺旋线参数设置示例：基准点(0,0,0)，直径线性规律从30~80、高度100、螺距25、旋转方向右手，如图6.39(a)所示。

(3) 盘形螺旋线参数设置示例：基准点(0,0,0)，直径线性规律从30~120、螺距0、旋转方向右手，如图6.39(b)所示。

图 6.39 不等直径及螺距为 0 的两种螺旋线

6.1.8 规律曲线

通过使用规律函数(例如：常数、线性、三次和方程)来创建样条曲线。

点击"菜单"→"插入"→"曲线"→"规律曲线"命令，弹出"规律曲线"对话框，如图 6.40 (a)所示。

图 6.40 "规律曲线"对话框

规律类型有以下 7 种：

① 恒定：为一固定值，需指定一个参数为规律值。

② 线性：线性规律，即在起始值和终止值之间变化，需指定起始值和终止值两个参数。

③ 三次：在起始值和终止值之间按三次曲线规律变化，需指定起始值和终止值两个参数。

④ 沿着脊线线性：沿着脊线的线性规律，即沿着脊线用两个或多个值来定义线性变化规律，需指定沿脊线上每一个的值。

⑤ 沿着脊线三次：沿着脊线的三次规律，即沿着脊线用两个或多个值来定义三次规律，需指定沿脊线上每一个的值。

⑥ 根据方程：参数方程规律，即用一参数表达式定义变化规律，参数表达式必须在表达式工具("工具"→"表达式")中定义。

⑦ 根据规律曲线：规律曲线规律，即用一条曲线本身的规律作为规律值。

举例：创建正弦波（正弦幅值 10、两个周期、X 轴方向长 20）。

点击"菜单"→"工具"→"表达式"命令，弹出"表达式"对话框，如图 6.41 所示，输入如图 6.41 所示的内容、表达式，按"确定"按钮。

图 6.41　"表达式"对话框

点击"菜单"→"插入"→"曲线"→"规律曲线"命令，弹出"规律曲线"对话框。

操作设定：

X 规律：根据方程：参数 t、函数 Xt；

Y 规律：根据方程：参数 t、函数 Yt；

Z 规律：恒定、值为 0；

坐标系原点：$(0,0,0)$。

按"确定"按钮，就生成出如图 6.40(b)图所示的正弦函数曲线图形。

6.1.9　表面上的曲线

在面上直接创建曲面样条特征。

打开如图 6.42 所示的曲面。

图 6.42　三维曲面图形

点击"菜单"→"插入"→"曲线"→"曲面上的曲线"命令,弹出如图 6.43 所示的"曲面上的曲线"对话框。

图 6.43　"曲面上的曲线"对话框

图 6.44　设定样条曲线设定点

首先选取曲面,再点击样条约束的指定点,然后在曲面上(曲面范围内)指定一个一个点(XY 平面中的二维坐标点),如图 6.44 所示(注意视角方向,点能投影到曲面上)。

指定完所有点,按"确定"按钮,生成如图 6.45 所示的曲线。

(a)　　　　　　　　　　　　　　　　　(b)

图 6.45　曲面上的曲线

6.1.10 艺术样条

创建样条曲线。

入口路径：点击"菜单"→"插入"→"曲线"→"艺术样条"命令，弹出"艺术样条"对话框，如图 6.46 所示。

图 6.46 "艺术样条"对话框

艺术样条的类型有两种：通过点(样条通过定义点)，根据极点(样条的各个数据，除端点外，并不通过极点，极点是控制点)。

点位置就是指定构建样条的一个一个点。

参数化的次数就是样条的阶次。以上三项与草图中的艺术样条的意义相同。

制图平面组框中平面的选择，就是选择构建曲线所在的平面。通常曲线构建在 XY 平面中，在此如选择 YZ 平面，则构建的艺术样条就处在 YZ 平面中。

移动框组的选项就是选择点坐标移动的约束，在 YZ 平面中，如选择 Z 向，则点这能在 Z 方向移动(Y 方向不能移动)。

延伸框组就是设定艺术样条从两端可以光顺地延伸一个尺寸。

图 6.47 所示为通过点生成的艺术样条。

图 6.48 所示为根据极点生成的艺术样条。

图 6.47 通过点生成的艺术样条

图 6.48 根据极点生成的样条曲线

6.2 派生曲线

6.2.1 偏置

偏置曲线链,即曲线在指定方向偏置一个距离。

入口路径:点击"菜单"→"插入"→"派生曲线"→"偏置"命令,弹出"偏置曲线"对话框,如图 6.49(a)所示。

操作设置:偏置类型选择距离,选择偏置曲线,设定偏置距离(20),输入曲线如设定为保留,则曲线的偏置如图 6.49(b)所示。

(a)   (b)

图 6.49　偏置曲线对话框和偏置的曲线

6.2.2 在面上偏置

沿曲线所在的面偏置曲线。打开曲面上有一条曲线的图形,如图 6.50 所示。

入口路径:点击"菜单"→"插入"→"派生曲线"→"在面上偏置"命令,弹出"在面上偏置曲线"对话框,如图 6.51 所示。

图 6.50　曲面上有一条曲线　　　　　　图 6.51　"在面上偏置曲线"对话框

操作设置：首先选取将要偏置的曲线（在曲线框组，点击"曲线"按钮，点击曲面上的曲线），如图 6.52 所示，接着选择偏置的曲面（点击面或平面框组中的"面和平面"按钮，点击曲面），如图 6.53 所示。

图 6.52　选择曲线　　　　　　图 6.53　选择曲面　　　　　　图 6.54　生成面上的偏置曲线

在曲线框组中，可以根据需要设置偏置值的大小或改变偏置的方向，按"确定"按钮，生成如图 6.54 所示的偏置曲线。

6.2.3　偏置 3D 曲线

垂直于参考方向偏置 3D 曲线。打开一条已创建的空间曲线，如图 6.55(a)所示。

入口路径：点击"菜单"→"插入"→"派生曲线"→"偏置 3D 曲线"命令，弹出偏置 3D 曲线对话框，如图 6.55(b)所示。

图 6.55　"一条 3D 曲线和偏置 3D 曲线"对话框

操作设置：选择偏置曲线和指定参考方向，如图 6.56 所示。设置偏置距离和生成的偏置曲线，如图 6.57 所示。

图 6.56　选择将要偏置的曲线和指定参考方向

图 6.57　设置偏置距离和生成的偏置曲线

6.2.4　桥接

创建两条曲线之间一段光滑的连接曲线。

（1）打开图 6.58(a)所示的曲线图形。

（2）点击"菜单"→"插入"→"派生曲线"→"桥接"命令，弹出"桥接曲线"对话框，如图 6.58(b)所示。

(a)   (b)

图 6.58 两条曲线和桥接曲线对话框

（3）选择第一条曲线，选择第二条曲线，如图 6.59 所示。

(a)   (b)

图 6.59 选择桥接曲线

按"确定"按钮，如图 6.60 所示。

图 6.60 两曲线的桥接结果

（4）其中桥接曲线属性，在开始或结束处连续性的约束有：G0（位置）、G1（相切）、G2（曲率）、G3（流），如图 6.61 所示。

- G0（位置）：仅仅连接在一起。
- G1（相切）：在连接的端点相切。
- G2（曲率）：在连接的端点曲率连续。
- G3（流）：在连接的端点处以流线状过渡。

（5）在形状控制的类型中有：相切幅值、深度和歪斜度、二次曲线、模板曲线，如图 6.62 所示。

图 6.61　桥接曲线属性

图 6.62　桥接曲线的形状控制

- 相切幅值：改变桥接曲线与第一条曲线或第二条曲线连接点的切矢量值，来控制曲线形状。要改变的切矢量值，通过拖动"开始"或"终点"选项中的滑块，或直接在其右侧的文本框中分别输入切矢量值来改变曲线形状。
- 深度和歪斜度：通过改变曲线峰值点的深度和歪斜度值来控制曲线形状，操作方法与"相切幅值"相同。

6.2.5　圆形圆角曲线

创建两个曲线链之间具有指定方向的圆形圆角曲线。

（1）打开图 6.63（b）所示的曲线图形。

（2）点击"菜单"→"插入"→"派生曲线"→"圆形圆角曲线"命令，弹出圆形圆角曲线对话框，如图 6.63（a）所示。

（3）选择曲线 1，按鼠标中键，如图 6.64（a）所示，选择曲线 2，按鼠标中键，如图 6.64（b）所示。

根据需要移动滑标，改变切点位置，如图 6.64（b）所示，按"确定"按钮，生成如图 6.64（c）所示的圆形圆角曲线。

(a)   (b)

图 6.63 圆形圆角曲线对话框和将倒圆角曲线图形

(a)   (b)   (c)

图 6.64 选择相切曲线和改变切线位置

（4）圆柱组框中的方向选项的意义是设定圆柱轴线的矢量方向。具体设定选项方法有：最合适、可变、矢量、当前视图。

圆柱组框中半径选项的意义是改变半径的方法。选项有：曲线1上的点、曲线2上的点、值。

① 曲线1上的点：就是用曲线1上点滑标改变圆柱半径。

② 曲线2上的点：就是用曲线2上点滑标改变圆柱半径。

③ 值：就是直接设定圆柱半径数值。

显示圆柱前的选项框，打勾则界面上显示相切圆柱形状，如图 6.65(a)所示。

设置组框的"补弧"按钮使最后生成的切弧为补弧，如图 6.65(b)所示。

(a)   (b)

图 6.65 圆柱方向设定和补弧设定

6.2.6 简化

从曲线链创建一串最佳拟合直线和圆弧。

（1）打开如图 6.66(a)图所示的样条曲线图形。

（2）点击"菜单"→"插入"→"派生曲线"→"简化"命令，弹出"简化曲线"对话框，如图 6.66(b)所示。

（a） （b）

图 6.66 "样条曲线"和"简化曲线"对话框

简化曲线功能将曲线拟合成直线和圆弧之后，对原有曲线的处理有三种方法：保持、删除、隐藏。

（3）点击"隐藏"功能，选取曲线，如图 6.67 所示，按"确定"按钮。生成简化的多段圆弧组成的替代线串，如图 6.68 所示。

图 6.67 选取样条曲线   **图 6.68** 生成的拟合简化曲线

6.2.7 投影

将曲线、边或点投影至面或平面。

打开如图 6.69 所示的图形，一个曲面和曲面上方的两条曲线。

操作：

① 点击"菜单"→"插入"→"派生曲线"→"投影"命令，弹出"投影曲线"对话框，如图 6.70 所示。

② 选择曲线（分别选取样条曲线和圆），如图 6.71 所示，按鼠标中键。

（a） （b）

图 6.69 曲面和曲面上方的两条曲线

图 6.70　"投影曲线"对话框

图 6.71　选取投影曲线

③ 点击对话框中的选择对象,选择被投影曲面,如图 6.72(a)所示,按鼠标中键。

（a）　　　　　　　　　　　　　　　　　（b）

图 6.72　选择被投影曲面

④ 投影方向选择矢量,从"矢量"对话框中选择"- ZC 轴"方向,如图 6.73 所示。

（a）　　　　　　　　　　　　　　　　　（b）

图 6.73　选择投影方向—Z 向

⑤ 按"确定",在被投影曲面上生成投影曲线,如图 6.74 所示。

图 6.74 被投影曲面上生成的投影曲线

6.2.8 组合投影

组合两个现有曲线链的投影交集以新建曲线。

(1) 打开如图 6.75 所示的图形。

(2) 点击"菜单"→"插入"→"派生曲线"→"组合投影"命令,弹出"组合投影"对话框,如图 6.76 所示。

图 6.75 不同两个面中的两条曲线

图 6.76 "组合投影"对话框

(3) 点击曲线 1,回车,如图 6.77(a)所示,点击曲线 2,回车,如图 6.77(b)所示。

(a)　　　　　　　　　　(b)

图 6.77 选择曲线

图 6.78 生成的组合投影曲线

(4) 按"确定",生成如图 6.78 所示的组合投影曲线。

注:如果没有生成组合投影曲线,改变投影曲线 1,或投影曲线 2 的投影方向(反向),即可。

6.2.9 镜像

以基准平面或平面为对称平面创建镜像曲线。

(1) 打开如图 6.79 所示的图形,YOZ 平面中的一条封闭曲线。

(2) 点击"菜单"→"插入"→"派生曲线"→"镜像"命令,弹出"镜像曲线"对话框,如图 6.80 所示。

图 6.79 *YOZ* 平面中的一条封闭曲线

图 6.80 "镜像曲线"对话框

(3) 点击曲线,按鼠标中键,点击 XOZ 基准平面,如图 6.81 所示,按"确定"按钮,生成如图 6.82 所示的对称 XOZ 平面的镜像曲线。

图 6.81 选择曲线和镜像平面

图 6.82 生成的镜像曲线

6.2.10 缠绕/展开曲线

将平面上的曲线缠绕到可展开面上,或将可展开面上的曲线展开到平面上。

(1) 打开如图 6.83 所示的图形。

(2) 点击"菜单"→"插入"→"派生曲线"→"缠绕/展开曲线"命令,弹出"缠绕/展开曲线"对话框,如图 6.84 所示。

图 6.83　圆柱面和相切面中的一条曲线

图 6.84　"缠绕/展开曲线"对话框

（3）选取将要缠绕的曲线，按鼠标中键，如图 6.85 所示，选取用于缠绕的圆柱面，按鼠标中键，如图 6.86 所示。

图 6.85　选取要缠绕的曲线　　　　　　图 6.86　选取要缠绕的圆柱面

（4）选取曲线所在的平面（与圆柱面相切），如图 6.87 所示，按"确定"，生成如图 6.88 所示的缠绕曲线。

图 6.87　选取曲线所在的平面　　　　　图 6.88　曲线缠绕到圆柱面上

6.2.11　相交

创建两对象集之间的相交曲线。

（1）打开如图 6.89 所示的两相交圆筒。

（2）点击"菜单"→"插入"→"派生曲线"→"相交"命令，弹出"相交曲线"对话框，如图 6.90 所示。

图 6.89　两相交圆筒　　　　　　　　图 6.90　"相交曲线"对话框

（3）选取第一组曲面，按鼠标中键，选取第二组曲面，按鼠标中键，如图 6.91 所示。生成的相交曲线如图 6.92 所示。

图 6.91　选取两相交曲面　　　　　　图 6.92　生成两曲面的相交曲线

6.2.12　等参数曲线

沿某个面的恒定 U 或 V 参数线创建曲线。

（1）打开如图 6.93 所示的曲面图形。

（2）点击"菜单"→"插入"→"派生曲线"→"等参数曲线"命令，弹出"等参数曲线"对话框，如图 6.94 所示。

图 6.93　空间曲面　　　　　　　　图 6.94　"等参数曲线"对话框

（3）选取曲面，如图 6.95 所示，方向选择 U 和 V，位置选择"均匀"，按"确定"，生成如图 6.96 所示的等参数曲线。

图 6.95　选取曲面　　　　　　图 6.96　生成的等参数曲线

6.2.13　截面

通过将平面与体、面或曲线来创建曲线或点。

（1）打开如图 6.97 所示的曲面。

（2）点击"菜单"→"插入"→"派生曲线"→"截面"命令，弹出"截面曲线"对话框，如图 6.98 所示。

图 6.97　一个曲面和三个小平面　　　　图 6.98　"截面曲线"对话框

（3）选取曲面，如图 6.99(a) 所示，按鼠标中键，选取小平面如图 6.99(b) 所示，按鼠标中键，生成如图 6.99(c) 所示的截面曲线。

图 6.99　选取曲面和选取小平面和生成的截面曲线

6.2.14　抽取虚拟曲线

从体的边和面创建曲线。

（1）打开如图 6.100 所示的曲面图形。

（2）点击"菜单"→"插入"→"派生曲线"→"抽取"命令，弹出"抽取虚拟曲线"对话框，如图 6.101 所示。

（3）类型选择虚拟交线，点击零件上的全部倒圆角面，如图 6.102(a)所示。按"确定"，生成曲面虚拟交线，如图 6.102(b)所示。

图 6.100　曲面　　　　　　　　　　图 6.101　"抽取虚拟曲线"对话框

选取全部倒圆角面

生成的虚拟交线

（a）　　　　　　　　　　　　　（b）

图 6.102　选取曲面的边缘和生成的边界曲线

7 实体建模

UG 软件是以创建三维实体造型为主的三维图形设计软件。特征是组成三维实体造型的基本元素,创建一个三维实体模型都是以最基本的特征建模开始,用特征建模来构建实体。

特征模型主要包含基准特征、体素特征、扫描特征、设计特征等。通常使用两种方法创建特征模型:一种是首先设计二维草图或者曲线轮廓,然后通过拉伸、扫描等特征生成三维基本实体;另一种方法是直接使用基本体素特征来创建三维基本实体。

7.1 基准特征

基准特征是指利用"基准平面"、"基准轴"、"基准 CSYS"等基准工具创建一个基准,为创建的三维模型、曲面特征或进行装配提供基准。

基准平面是一个可以为其他特征提供参考的无限大的辅助平面。

入口路径:点击"菜单"→"插入"→"基准/点"→"基准平面"命令,弹出"基准平面"对话框,如图 7.1(a)所示。

(a)	(b)

图 7.1 "基准平面"对话框

点击类型组框的类型选择框,下拉列表中列出了所有 15 种类型,如图 7.1(b)所示,即有15 种创建基准平面的方法。

（1）自动判断：根据所选择的对象，系统根据推理自动采用相应的方式创建基准平面。

例如：选择一平面，通常会产生一平行距离的基准平面；选择一基准轴，则产生一垂直于基准轴的基准平面，如图7.2(b)所示；选择一个点，则会产生一个通过该点的平行于$XC-YC$平面的基准平面，如图7.2(a)所示。

选择一点　　　　　　　　　　　选择一基准轴

（a）　　　　　　　　　　　　（b）

图7.2　自动判断生成基准面举例

（2）成一角度：首先选择平面参考对象（基准平面、平面），然后选择通过参考平面的一个基准轴，参考平面能绕基准轴旋转，并设置一旋转角度，生成旋转一角度的基准平面。如图7.3所示。

（a）　　　　　　　　　　　　（b）

图7.3　成一角度生成基准平面

（3）按某一距离：选择平面，产生平行该平面的基准平面，两平面间的距离为设定的偏置距离。如图7.4所示。

图 7.4　按某一距离生成基准平面

（4）二等分：在选择的两平面的对称位置产生基准平面，即两平行平面正中间的等距平行平面或两相交平面的角度等分平面如图 7.5 所示。

图 7.5　二等分生成基准平面

（5）曲线和点：曲线和点的"子类型"下拉列表中包含 6 种创建方式，如图 7.6(a)所示。

图 7.6　"基准平面对话框子类型展开与曲线和点"对话框

① 曲线和点(自动判断):根据用户指定的曲线上的点,基准平面穿过该点并垂直于通过该点的切线,如图7.7所示。采用自动判断便利于操作。

(a)   (b)

图7.7 自动判断生成基准平面

② 一点:经过选取的点,并垂直于曲线在该点的切线,如图7.8所示。

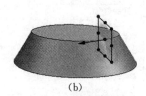

(a)   (b)

图7.8 通过一点生成基准平面

③ 二点:通过选取的第一点,垂直于两点所定义的矢量,第一点指向第二点。如图7.9所示。

(a)   (b)

图7.9 二点生成基准平面

④ 点和曲线/轴：通过点和直线(边、轴)生成的平面。如图 7.10 所示。

(a)   (b)

图 7.10　通过点和曲线/轴生成基准平面

⑤ 三点：通过三点创建基准平面。如图 7.11 所示。

(a)   (b)

图 7.11　通过三点生成基准平面

⑥ 点和平面/面：通过点，以平面法向为法向矢量产生平面。如图 7.12 所示。

(a)   (b)

图 7.12　通过点和平面/面生成基准平面

（6）两直线：通过两条指定直线生成平面，两直线是平行的。如图 7.13 所示。

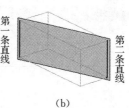

（a） （b）

图 7.13 通过两直线生成基准平面

（7）相切：在点、线或面上与面相切。在相切子类型中总共有 6 种类型，如图 7.14 所示。

① 相切：根据用户选择的参考不同自动选用一种方式来产生基准平面。

② 一个面：产生一个与柱面或锥面相切的基准平面，如图 7.15 所示。

图 7.14 "相切生成基准平面"对话框

（a） （b）

图 7.15 切于一个面生成基准平面

③ 通过点：通过一点与柱面相切,产生基准平面,如图 7.16 所示。

图 7.16　通过点生成基准平面

④ 通过线条：通过线(或边、轴)与柱面相切,产生基准平面,如图 7.17 所示。

图 7.17　通过线条生成基准平面

⑤ 两面：产生相切于两面的平面,产生基准平面,如图 7.18 所示。

图 7.18　相切于两个面生成基准平面

⑥ 与平面成一角度：产生一个与柱面相切,并与所选择平面成一角度的基准平面,如图 7.19 所示。

图 7.19　通过与面成一角度生成基准平面

（8）通过对象：根据所选的对象来产生新基准平面，如图 7.20 所示。

图 7.20　通过对象生成基准平面

操作对话框中的偏置，可将平面再设置成偏置一个距离。当选择的对象是直线时，平面通过端点，垂直于直线。

（9）系数：通过指定系数 a、b、c、d 来定义平面（操作略）。

（10）点和方向：通过点，以指定矢量为法向产生基准平面，如图 7.21 所示。

图 7.21　通过点和方向生成基准平面

（11）$XC-YC/XC-ZC/YC-ZC$ 平面：将固定基准平面偏置一个距离。如图 7.22 所示。

（a）　　　　　　　　　　　　　　　（b）

图 7.22　平行三固定基准平面偏置一个距离生成基准平面

（12）曲线上：在所选的曲线上的某一点产生一个基准平面。在"曲线上"的操作对话框，如图 7.23(a)所示。其中基准平面在曲线上的位置用圆弧长的百分比来设定，设定曲线上的方位有 7 种方式：垂直于轨迹、路径的切向、双向垂直于路径、相当于对象、垂直于矢量、平行于矢量、通过轴。

垂直于轨迹操作示例如图 7.23(b)所示。

（a）　　　　　　　　　　　　　　　（b）

图 7.23　在曲线上生成基准平面

（13）视图平面：通过工作坐标系零点，平行当前工作视图，产生基准平面。

7.2　设计特征

7.2.1　拉伸

沿矢量拉伸一个截面来创建实体。

入口路径：点击"菜单"→"插入"→"设计特征"→"拉伸"命令，弹出拉伸对话框（或直接点击特征工具条中的拉伸命令按钮），如图 7.24 所示。

（a）　　　　　　　　　　　　　　　（b）

图 7.24　基本拉伸操作

1）操作举例

举例 1：拉伸距离从 30～60，拔模从起始拉伸位置开始，单一拔模角度 20°，如图 7.25 所示。

（a）　　　　　　　　　　　　　　　（b）

图 7.25　拉伸举例 1

举例 2:拉伸距离从 30～60,拔模起始位置从截面开始,单一拔模角度 20°,如图 7.26 所示。

(a)　　　　　　　　　　　(b)

图 7.26　拉伸举例 2

举例 3:拉伸距离从 90～100,截面曲线是特征曲线,截面曲线内部的封闭曲线拉出的是腔体,如图 7.27 所示。

(a)　　　　　　　　　　　(b)

图 7.27　拉伸举例 3

举例 4:拉伸距离从 0～40,即拉伸从起始位置开始,垂直拉伸方向的偏置从拉伸外形开始向两侧,偏置从－5～5,如图 7.28 所示。

截面的拉伸距离:起始和终止值都可以设定,即可以设定拉伸的指定距离,也可以拉伸到指定的对象,同时可设定拔模角度、可以设定第二偏置。

(a)

(b)

图 7.28 拉伸举例 4

2) 参数说明

(1) 表区域驱动组框的选择曲线,用于选择拉伸的界面曲线。曲线选择可用曲线规则根据需要选择,点击工具栏的"曲线规则"的展开箭头,如图 7.29 所示。合理地利用曲线规则,可以提高建模效率。

截面曲线可以是封闭的,也可以是开放式的。开放式截面曲线当偏置无设置时,拉伸生成片体。

(2) 方向组框的指定矢量,用于指定实体的拉伸方向。

(3) 限制组框的开始、结束距离,用于设定拉伸的开始和结束位置,如图 7.30 所示。

图 7.29 曲线选择规则

图 7.30 拉伸位置的限制设置

开始、结束选项中的拉伸方式有:

① 值:特征将从草图平面开始拉伸的单向初始值并通过输入的距离定义拉伸的具体数值。

② 对称值:选择该选项特征将从草图特征向两侧均匀拉伸。

③ 直至下一个:特征将从草图特征拉伸到下一个曲面(对象)。

④ 直至选定对象:特征将从草图特征拉伸到所选的对象物。

⑤ 贯通:特征将从草图特征开始沿拉伸方向贯通所有物体。

（4）布尔：在构建实体的操作过程中是否与已构建的实体进行（合并、减去、相交）的逻辑运算。

（5）拔模组框的设置：设置拉伸实体是否拔模以及拔模角度的设置。

① 无：不拔模（见图 7.24）。

② 从起始限制：从拉伸起始位置开始拔模（见图 7.25）。

③ 从截面：从拉伸的截面曲线就开始拔模（见图 7.26）。

当拉伸限制开始距离为 0 时，以上两项拔模没有区别，效果一样。当开始距离不为 0 时以上两项效果才不同（见图 7.25 和图 7.26）。

拔模组的第二个选项，角度选项设定为单一时，拔模体四周以单一角度拔模；当角度选项设定为多个时，例如，四边形截面曲线拔模，四个边可以设定不同的拔模角度，如图 7.31 所示，有一边拔模角度 20°，其余 3 边拔模角度 10°。

(a)

(b)

图 7.31　多个拔模角度的意义

（6）偏置组框的设置：拉伸截面曲线在垂直拉伸方向的偏置设置。

① 无：不偏置（见图 7.24 和图 7.25）。

② 单侧：向外侧偏置，偏置为负时向内侧偏置。

③ 两侧：可以设置不同的数值向内、外两侧偏置（见图 7.28）。

④ 对称：对称地向内、外两侧偏置。

7.2.2　旋转

通过绕轴旋转截面来创建特征。

入口路径：点击"菜单"→"插入"→"设计特征"→"旋转"命令，弹出旋转对话框，如图 7.32(a)所示，图中矩形截面绕 X 轴旋转 180°，生成的半圆柱实体如图 7.32(b)所示。

(a)   (b)

图 7.32　旋转操作示例

1) 例题

如图 7.33 所示的截面，在如图 7.34 中绕 Y 轴旋转 270°，生成旋转体。

图 7.33　一个封闭的草图截面

截面绕Y轴旋转270°，生成旋转体

(a)   (b)

图 7.34　草图截面绕 Y 轴旋转 270°

2）旋转对话框参数说明

（1）表区域驱动组框的选择曲线用于选择旋转的截面曲线。根据需要按曲线规则选择截面曲线。

（2）轴组框的指定矢量，用于指定旋转轴矢量。反向用于改变旋转的方向。

（3）限制组框的开始，结束角度用于设定旋转的开始和结束角度，如图 7.35 所示为旋转角度从截面开始 90°到 270°的旋转体。

图 7.35　旋转体　　　　　　　　　　　图 7.36　"旋转"对话框

（4）布尔　在构建实体的操作过程中是否与已构建的实体进行（合并、减去、相交）的逻辑运算。

（5）偏置组框　旋转截面曲线在截面所在的平面内向内、向外的偏置设置。图 7.36 所示对话框设置的参数所构建的旋转实体效果如图 7.37 所示。

图 7.37　偏置设置两侧从 −2 到 2 的旋转效果

7.2.3　孔

在部件或装配中的实体上加工通孔、沉头孔、埋头孔、螺纹底孔、螺纹孔等各种孔。

　　点击工具栏的"孔"功能按钮、弹出孔对话框,如图 7.38 所示。如图 7.39 所示为已创建好的一个方块模型。

图 7.38　孔对话框

图 7.39　方块

1) 操作说明

　　选取打孔的表面(如方块的上表面),在方块的表面上产生一个点(表示即将打孔的位置),如图 7.40(a)所示,点击工具栏的"快速尺寸"工具按钮,如图 7.40(b)所示,标注点相对于方块的边或相对于坐标轴的尺寸,标注完成,点击工具栏的"完成草图"按钮,退出草图状态,设定孔的类型、直径大小、孔的深度等,点击孔对话框的"确定",完成打孔,如图 7.41 所示。

（a）　　　　　　　　　　　　　　　　　　（b）

图 7.40　"孔指定位置和快速尺寸"对话框

2）参数说明

（1）孔类型：常规孔、钻形孔、螺钉间隙孔、螺纹孔、孔系列。

（2）常规孔的种类有：简单孔、沉头、埋头、锥孔等。

图 7.41　方块上打孔

（3）钻形孔：钻孔所有的规格尺寸都有，可启用孔口倒斜角。

（4）螺钉间隙孔：可以钻各种规格的螺栓贯穿孔，设定螺纹规格就生成合适的螺栓贯穿孔。

（5）螺纹孔：钻一系列的螺纹底孔，可启用孔口倒斜角。

（6）孔系列：其中分二种、一种是钻螺纹孔、另一种是钻螺栓贯穿孔。

7.2.4　凸起

用沿着矢量投影截面形成的面修改体，可以选择端盖位置和形状。

（1）打开图 7.42(a)所示的实体模型。

（2）点击"菜单"→"插入"→"设计特征"→"凸起"命令，弹出凸起对话框，如图 7.42(b)所示。

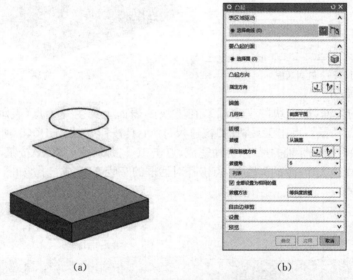

　　　　　　　　（a）　　　　　　　　　　　　　　　　　　（b）

图 7.42　"凸起用模型草图以及凸起"对话框

（3）点击表区域驱动框组的选择曲线，选取凸起用草图曲线，如图 7.43 所示的曲线。

（4）选择要凸起的面如图 7.44 所示，按"确定"按钮，生成的凸起特征如图 7.45 所示。

图 7.43　选择(或绘制)凸起用曲线

图7.44　选择凸起面　　　　　　　　　图7.45　生成的凸起特征

凸起特征与垫块特征相似,从指定的曲面凸出实体,但凸起实体顶面是平面,垫块顶面曲面平行指定的曲面。

7.2.5　偏置凸起

用面修改体,该面是通过基于点或曲线,创建具有一定大小垫块或腔体而形成的片体。

打开如图7.46所示的图形模型。

点击"菜单"→"插入"→"设计特征"→"偏置凸起"命令,弹出偏置凸起对话框,如图7.47(a)所示。

图7.46　曲面和基于曲面的一条曲线

选择要偏置的片体　选择要遵循的轨迹曲线

（a）　　　　　　　　　　　　　　（b）

图7.47　偏置凸起对话框和其操作选择

选择要偏置的体(曲面),选择要遵循的轨迹(即图中的轨迹曲线),如图7.47(b)所示。设定偏置高度10、左右偏置宽度各15、在高度方向向里收进5、偏置方向向上。按"确定",生成的偏置凸起曲面如图7.48所示。

转一个角度观察

偏置凸起：曲线向两侧各偏置15
　　　　　偏置的高度10
　　　　　顶面两侧各向里缩小5

（a）　　　　　　　　　　　　　　（b）

图 7.48　生成的偏置凸起的片体

7.2.6　槽（圆周槽）

将一个内部或外部槽添加到实体的圆柱形面或锥形面。

打开如图 7.49 所示的圆筒实体。点击"菜单"→"插入"→"设计特征"→"槽"命令，弹出槽对话框，如图 7.50 所示。

图 7.49　圆筒实体　　　　　　**图 7.50　"槽"对话框**

槽类型有三种：矩形、球形端槽、U 形槽。

槽功能可在外圆周面或内孔面上割槽。

（1）矩形

点击"矩形"，弹出"矩形槽"对话框，设置内圆周槽的情况，选择放置面，如图 7.51 所示，设定矩形槽参数，如图 7.52 所示，按"确定"。将表面渲染设置为静态线框。

图 7.51　选择放置面　　　　　　**图 7.52　"矩形槽"对话框**

设置内槽的轴向位置，端面到槽中心尺寸 6.5，选取端面的边缘线，选取槽的中心线（轴向）如图 7.53 所示。生成的内槽轴向剖切后，效果如图 7.54 所示。

图 7.53 设置内槽位置尺寸

图 7.54 内槽剖切效果

外圆周槽的情况,选取放置面(外圆周表面)如图 7.55 所示。设定矩形槽参数,如图 7.56 所示,按"确定"。

图 7.55 选择放置面

图 7.56 设定矩形槽参数

设置外槽的轴向位置,端面到槽中心尺寸 12,如图 7.57 所示。选取端面的边缘线,选取槽的中心线(轴向),如图 7.58(a)所示。生成的外槽轴向剖切后,效果如图 7.58(b)所示,按"确定"。

图 7.57 "轴向尺寸设置"对话框

图 7.58 外槽剖切效果图

(2) 球形端槽

点击"球形端槽",选取放置面(外表面),如图 7.59 所示,设定球形端槽参数,如图 7.60 所示,按"确定"。

图 7.59 选取放置面

图 7.60 设定球形端槽参数

设置槽的轴向位置,端面到槽中心尺寸 12,选取端面,选取槽的中心线(轴向),如图 7.61 所示,生成的球形端槽的轴向剖切后,效果如图 7.62 所示。

图 7.61 "轴向尺寸设置"对话框

图 7.62 剖切效果图

(3) U 形槽

点击"U 形槽",选择放置面,如图 7.63 所示,设定 U 形槽参数,如图 7.64 所示,按"确定"。

图 7.63 选取放置面

图 7.64 设定 U 形槽参数

设置槽的轴向位置,端面到槽中心尺寸 12,选取端面,选取槽的中心线(轴向),如图 7.65 所示,生成的 U 形槽的轴向剖切后,效果如图 7.66 所示。

图 7.65 "轴向尺寸设置"对话框

图 7.66 剖切效果图

7.2.7 筋板

筋板就是通过拉伸一个平的截面以与实体相交来添加薄壁筋板或网格筋板。

打开如图 7.67 所示的薄壁凹腔零件用于创建筋板。

点击"菜单"→"插入"→"设计特征"→"筋板"命令,弹出"筋板"对话框,如图 7.68 所示。

图 7.67 将用于创建筋板的薄壁凹腔 　　图 7.68 "筋板"对话框

选取图 7.69 中用于创建筋板的特征曲线（表区域驱动组框中的选择曲线），目标选择体默认为凹腔体，设定壁厚 3 mm，帽形体偏置为 0，筋板的拔模角度为 6 度，如图 7.70 所示，生成筋板效果预览如图 7.71 所示。按"确定"。生成的筋板效果图如图 7.72 所示。

图 7.69 选取用于创建筋板的特征曲线 　　图 7.70 筋板设定的参数

图 7.71　生成筋板预览　　　　　　　　图 7.72　生成筋板效果图

7.2.8　螺纹

将符号或详细螺纹添加到实体的圆柱面。

（1）打开如图 7.73 所示的螺栓本体。

（2）点击"菜单"→"插入"→"设计特征"→"螺纹"命令，弹出螺纹切削对话框，如图 7.74 所示。

图 7.73　螺栓本体　　　　　　图 7.74　螺纹对话框　　　　　　图 7.75　选取圆柱面

（3）选取圆柱面（螺纹顶面），如图 7.75 所示，选择起始面，如图 7.76 所示。

（4）确定螺纹方向，设定螺纹参数（小径、长度、螺距、角度），螺纹类型选择"详细"，如图 7.77 所示，按"确定"，生成的详细螺纹如图 7.78 所示。

图 7.76　选取起始面　　　　图 7.77　"螺纹参数"对话框　　　　图 7.78　生成的螺纹

7.2.9　基本实体

基本实体:长方体、圆柱体、圆锥、球。

(1) 长方体:定义拐角位置和尺寸来创建长方体。

入口路径:"菜单"→"插入"→"设计特征"→"长方体"。

长方体类型有三种(图略):

① 原点和边长(即左下角位置和长、宽、高三个边长)。

② 两点和高度(底面对角两点位置和高度)。

③ 两个对角点(长方体的斜对角两点位置)。

(2) 圆柱体:通过定义轴位置和尺寸来创建圆柱体。

点击"菜单"→"插入"→"设计特征"→"圆柱体"命令,弹出圆柱对话框,如图 7.79 所示。选取圆弧,设定高度,按"确定",结果如图 7.80 所示。圆柱类型有两种:

① 直径和高度(圆柱的中心轴方向、圆柱直径和高度)。

② 圆弧和高度(选取的圆弧作为圆柱的圆弧轮廓加上圆柱高度)。

图 7.79　"圆柱"对话框　　　　图 7.80　圆弧和高度生成的圆柱体

(3) 圆锥:通过定义轴位置和尺寸来创建圆锥。

入口路径：点击"菜单"→"插入"→"设计特征"→"圆锥"命令，弹出图 7.81 所示对话框。

圆锥类型有 5 种，如图 7.82 所示：

图 7.81 "圆锥"对话框　　　　　　图 7.82 圆锥类型展开

① 直径和高度：指定圆锥轴矢量、圆锥基点位置、底部直径、顶部直径、高度。

② 直径和半角：指定圆锥轴矢量、圆锥基点位置、底部直径、顶部直径、半角。

③ 底部直径、高度和半角：指定圆锥轴矢量、圆锥基点位置、底部直径、高度、半角。

④ 顶部直径、高度和半角：指定圆锥轴矢量、圆锥基点位置、顶部直径、高度、半角。

⑤ 两个共轴的圆弧：圆弧轴线矢量方向相同的两个圆弧。

例：类型选择两个共轴的圆弧，对话框如图 7.83 所示，选取一个圆弧，选取另一个圆弧，生成如图 7.84 所示的圆锥。

图 7.83 "圆锥"对话框　　　　　图 7.84 两个共轴的圆弧生成的圆锥

（4）球：通过定义中心位置和尺寸（直径）来创建球体。

入口路径:点击"菜单"→"插入"→"设计特征"→"球"命令,弹出球对话框,如图 7.85 所示。构建球的类型有两种,如图 7.86 所示。

图 7.85 "球"对话框

图 7.86 构建球的类型

① 中心点和直径:指定球的中心点和设定直径。

② 圆弧:选择一圆弧(作为球的某一截面轮廓——圆弧,圆弧的圆心就是球的球心)。

例:对话框中的类型选择圆弧(图 7.87),用鼠标选取界面上的一个圆弧,按"确定",生成如图 7.88 所示的球。

图 7.87 "球"对话框

选择的圆弧

图 7.88 由圆弧生成的球

7.3 关联复制

7.3.1 抽取几何特征

抽取几何特征:为同一部件体、面、曲线、点和基准创建关联副本,并为体创建关联镜像副本。

打开图 7.89 所示的片状实体图形。

点击"菜单"→"插入"→"关联复制"→"抽取几何特征"命令,弹出"抽取几何特征"对话框,如图 7.90 所示。

图 7.89　片状实体

图 7.90　"抽取几何特征"对话框

类型展开如图 7.91 所示。其中类型有：复合曲线、点、基准、面、面区域、体、镜像体。

图 7.91　类型展开

（1）类型选择"面"，弹出类型对应面的对话框，选取零件前面的三个表面，如图 7.92 所示。

（a）　　　　　　　　　　　　　　（b）

图 7.92　选取将要抽取的表面

按"确定"按钮，抽取出表面。隐藏实体后的抽取出的表面如图 7.93 所示。

（2）抽取实体的边缘（即复合曲线）

选取"复合曲线"，弹出类型对应复合曲线的对话框，选取零件上面的部分边缘线表面，如图 7.94 所示。

图 7.93　抽取的面

按"确定"按钮,复合曲线显示如图7.95所示。

选取边缘线

（a）　　　　　　　　　　　　　　（b）

图 7.94　"复合曲线"对话框和选取边缘线

图 7.95　隐藏实体后的复合曲线

7.3.2　阵列特征

将特征复制到许多阵列或布局(线性、圆形、多边形)中,并有对应阵列边界、实例方位、旋转和变化的各种选择。

(1) 创建如图7.96所示的矩形方块(100×120×10),在左边角离开两边缘10打一个直径10的通孔。

点击"菜单"→"插入"→"关联复制"→"阵列特征"命令,弹出阵列特征对话框,如图7.97所示,布局展开的种类有:线性、圆形、多边形、螺旋式、沿、常规、螺旋线。

图 7.96　矩形方块左边角打个孔

图 7.97　"阵列特征"对话框(布局展开)

阵列特征的操作步骤基本相同,就不一一列举,下面以线性阵列特征为例,介绍具体的操作步骤。

选择线性,弹出如图7.99所示的对话框,首先选取孔特征,分别设定方向1的矢量(X

方向)、数量和间隔;方向 2 的矢量(方向)、数量和间隔。线性阵列预览如图 7.98 所示,实际效果如图 7.100 所示。

图 7.98   两个方向线性阵列预览   图 7.99   "线性阵列"对话框

图 7.100   孔的线性矩形阵列效果

图 7.101   连接轴模型

(2) 打开如图 7.101 所示连接轴模型。

在图 7.97 中布局选择圆形,弹出如图 7.103 所示的"圆形阵列"对话框,定义旋转轴指定矢量、旋转基点,圆周分布的数量和节距角。预览如图 7.102 所示。

按"确定",如图 7.104 所示,生成 6 个圆周阵列孔。

图 7.102　圆柱阵列布局预览　　图 7.103　"圆形阵列"对话框　　图 7.104　圆形阵列孔

7.3.4　镜像几何体

复制几何体并跨平面镜像。

镜像特征、镜像面和镜像几何体的操作步骤基本相同,下面以镜像几何为例,介绍镜像操作的步骤。

打开如图 7.105 所示的片状实体,点击"菜单"→"插入"→"关联复制"→"镜像几何体"命令,弹出"镜像几何体"对话框,如图 7.106 所示。

图 7.105　片状实体　　　　　图 7.106　"镜像几何体"对话框

选择几何体,选择镜像平面,如图 7.107 所示。按"确定",生成如图 7.108 所示的镜像几何体。

图 7.107　选取几何体、镜像平面　　　图 7.108　镜像几何体结果

8 创建曲面

曲面造型是 UG 建模中的一个重要组成部分。常用的网格曲面包括:通过曲线组、通过曲线网格、艺术曲面;扫掠曲面包括:扫掠、样式扫掠、截面、变化扫掠、沿引导线扫掠、管道;曲面包括:通过点、拟合曲面、有界平面等等。

实体特征建模效率高、参数化可对特征修改,但是外形比较复杂的形状,用实体特征比较困难,有的难以构建,但用曲面建模就可以。所以对于复杂外形物体,如汽车覆盖件、漂亮的电器外壳等用曲面建模比较多。但曲面建模是非参数化的。

8.1 网格曲面

网格曲面包括通过曲线组、通过曲线网格、艺术曲面、截面、N 边曲面等几种,是曲面建模主要的几种方法。

8.1.1 通过曲线组

通过多个截面线串创建曲面,各截面线串之间光顺过渡。

例 1:

(1)打开如图 8.1 所示的截面线串图形。

(2)点击"菜单"→"插入"→"网络曲面"→"通过曲线组"命令,弹出"通过曲线组"对话框,如图 8.2 所示。

图 8.1 截面线串   图 8.2 "通过曲线组"对话框

(3)选取第一条截面线,按鼠标中键,选取第二个截面线,按鼠标中键,选取第三个截面线,按鼠标中键,选取第四个截面线,按鼠标中键,选取第五条截面线,按鼠标中键,如图 8.3 所示(定义的曲线方向应一致),定义完所有曲线,按"确定",生成的通过曲线组曲面如图 8.4 所示。

图 8.3 定义截面线串

图 8.4 通过曲线组曲面

例 2:

(1) 打开如图 8.5 所示截面线组图。

(2) 点击"菜单"→"插入"→"网格曲面"→"通过曲线组"命令,弹出通过曲线组对话框, 如图 8.6 所示。

图 8.5 截面线组

图 8.6 "通过曲线组"对话框

(3) 选取第一条截面线串,按鼠标中键……选取第五条截面线串,按鼠标中键(定义完 所有的截面线串),如图 8.7 所示。

连续性框组设定:第一截面:G1(相切);最后截面:G1(相切)。

选取第一截面的选择面的"面"按钮(点击图中第一条线串所在的曲面(相切面));

选取最后截面的选择面的"面"按钮(点击图中最后一条线串所在的曲面(相切面))。

(4) 按"确定"按钮,生成如图 8.8 所示的通过曲线组曲面(与两端的已有曲面相切)。

图 8.7 定义截面线串

图 8.8 生成的通过曲线组曲面

连接性选项设置说明：

创建曲面与用户指定的边界所在曲面之间的过渡方式,在通过曲线组的曲面中有三种过渡方式:一种是位置连续过渡,即曲面之间仅是连接关系,没有相切等约束;另一种是相切连续过渡,即生成的曲面与指定边界所在的曲面相切;还有一种是曲率连续过渡,即生成的曲面与指定边界所在的曲面在过渡处曲率变化连续,没有突变。

对齐方式说明：

通过曲线组的对齐方式有:参数、弧长、根据点、距离、角度、脊线和根据段的 7 种。

① 参数:系统在用户指定的截面线串上等参数分布连接点。等参数的原则是:如果截面线串是直线,则等距分布连接点,如果截面线串是曲线,则等弧长在曲线上分布点。参数对齐方式是系统默认方式。

② 弧长:在对齐下拉列表框中选择该选项,指定连接点在用户指定的截面线串上等弧长分布。

③ 距离:在对齐下拉列表框中选择该选项,系统将打开"矢量构造器"对话框,用户可以在"矢量构造器"对话框定义一个矢量作为对齐轴的方向,指定的截面线串按距离对齐。

④ 根据点:如果用参数方式生成的曲面不符合要求,可选择根据点,改变对齐点的位置,即可用鼠标拖动对齐点,就可改变对齐点位置。

⑤ 角度:在对齐下拉列表框中选择该选项,系统将打开"定义轴线"对话框,用户可以通过"两个点"、"现有的曲线"和"点和矢量"三种方式定义一条轴线。定义轴线后系统将沿着定义的轴线角度平分截面线串生成连接点。

⑥ 脊线:该对齐方式是指系统根据用户指定的脊线来生成曲面,此时曲面的长度由脊线的长度决定。

⑦ 根据段:指系统根据样条曲线上的分段来创建曲面。

8.1.2　通过曲线网格

通过两个不同方向的曲线组(通过一个方向的主曲线组和另一个方向的交叉曲线组)来创建曲面。

(1) 打开如图 8.9 所示的网格曲线图形。

(2) 点击"菜单"→"插入"→"网格曲面"→"通过曲线网格"命令,弹出通过曲线网格对话框,如图 8.10 所示。

(3) 选择主曲线(选择五条曲线作为主曲线)：

选取第一条,按鼠标中键,选取第二条,按鼠标中键,选取第三条,按鼠标中键,选取第四条,按鼠标中键,选取第五条,按鼠标中键,再按鼠标中键。

(4) 选取交叉曲线(选择两条曲线作为交叉曲线)：

选取第一条,按鼠标中键,选取第二条,按鼠标中键,如图 8.11 所示。

(5) 输出曲面选项框组中的着重,选择"两者皆是"。将设置框组中的公差的交点的设置数值设定成 0.5,回车。

(6) 按"确定",生成的网格曲面如图 8.12 所示。

图 8.9 网格曲线

图 8.10 通过曲线网格对话框

图 8.11 选取主曲线和交叉曲线

图 8.12 生成的网格曲面

输出曲面选项框组中有不同的着重,其选项的意义参见图 8.13 所示。

输出曲面选项框组中的着重选择的意义:

两者皆是:曲面处于主   主线串:曲面通过主曲线   交叉线串:曲面通过交叉曲线
曲线与交叉曲线之间

图 8.13 输出曲面选项"着重"的意义

通过曲线网格对话框中选项、参数说明:

(1)指定曲面的连续性说明

创建的网格曲面与四周的边界所在曲面之间的连续性设置有三种方式:位置、相切、曲率。

(2)设置强调方向说明

在"输出曲面选项"的选项组中有两个参数,分别是:"着重"下拉列表框和"构造"下拉列表框。

"着重"下拉列表框中有三个选项用来设置创建的曲面靠近哪一组截面线串。"着重"选项的三个选项是:"两者皆是"、"主线串"、"交叉线串"。

① 两者皆是:创建的曲面通常在两组线串的中间位置。

② 主线串:创建的曲面通常通过主曲线组。

③ 交叉线串:创建的曲面通常通过交叉曲线组。

"构造"下拉列表框用来设置构造曲面的方法。有三个选项:法向、样条点、简单。

法向:指定系统按照法向来构造曲面。

样条点:指定系统按照样条点来构造曲面。

简单:指定系统采用简单曲线构造曲面的方法生成曲面。

3) 设置公差

指定交点公差和连续过渡方式的公差。

当主曲线和交叉曲线不相交时,系统将寻找两组曲线的交点,如果公差范围设定较小,系统不能在该公差范围内寻找到两组曲线的交点,解决的方法是增大公差范围。

8.1.3　艺术曲面

艺术曲面功能用任意数量的截面和引导线串创建曲面。

其菜单形式类似于"通过曲线网格"曲面,但生成曲面时两者的原理不同。

截面(主要)曲线、引导(交叉)曲线、连续性等都与"通过曲线网格"曲面中的定义方法相同。

可以对"列表"列表框中曲线的顺序进行调整,也可以单击列表框旁边的"删除"按钮将选择错误或不需要的曲线串删除。

连续性选项的概念同通过曲线组。

输出曲面选项对齐方式有三种:参数、弧长、根据点。概念同通过曲线组。

打开如图 8.14 所示的曲线模型。

点击"菜单"→"插入"→"网格曲面"→"艺术曲面"命令,弹出艺术曲面对话框,如图 8.15 所示。

图 8.14　曲线模型　　　　　　　　图 8.15　"艺术曲面"对话框

选取第一条截面线，……，选取第五条截面线，如图 8.16 所示。

选取引导线。按"确定"，生成艺术曲面，如图 8.17 所示。

图 8.16　选取截面线引导线　　　　　　　　图 8.17　生成的艺术曲面

8.1.4　N 边曲面

创建由一组端点相连曲线封闭的曲面。

操作示例 1：

1）打开如图 8.18 所示，上边沿是封闭曲线曲面图形。

点击"菜单"→"插入"→"网格曲面"→"N 边曲面"命令，弹出"N 边曲面"对话框，如图 8.19 所示。

图 8.18　封闭曲线

图 8.19　"N 边曲面"对话框

3）类型：选择"已修剪"。

选择如图 8.18 所示的环形 3D 曲线，按"确定"，结果如图 8.20 所示。

操作示例 2：

1）打开图 8.21 的封闭曲线图形。

2）点击"菜单"→"插入"→"网格曲面"→"N 边曲面"命令，弹出"N 边曲面"对话框，如图 8.22 所示。

3）类型：选择"三角形"。

4）选取图中所示的环形 3D 曲线，约束面选择图中环线外侧的曲面，形状控制中的连续性选择 G1（相切），如图 8.23 所示的曲面。

类型选项用已修建生成的 N 边形，其曲面是光顺的。类型选项三角形生成的 N 边形，其曲面保持有约束面的特征，不是光顺的。

图 8.20　生成的 N 边曲面

图 8.21　曲面边界是封闭曲线　　图 8.22　"N 边曲面"对话框　　图 8.23　N 边曲面

N 变曲面选项意义说明：

N 边形曲面的类型有两种：已修剪和三角形。

已修剪：生成一个通过封闭曲线的四边形曲面，用封闭曲线进行修剪生成的曲面，如图 8.24 所示。

三角形：从封闭曲线的中间某一点向四周放射到封闭曲线，由多块三角形曲面形成封闭面，如图 8.25 所示。

约束面选项中选择面(0)的面是用于选择周边的面用来约束将生成的 N 边形面，约束关系在形状控制约束的连续性选项中设定，有：位置（连接）、相切两种。如图 8.26 所示。

图 8.24　N 边形类型为已修剪的曲面　　图 8.25　N 边形类型为三角形的曲面　　图 8.26　类型为已修剪的 N 边形

8.2　扫掠

扫掠就是通过指定引导线和截面方式来创建曲面或实体。

扫掠包括：扫掠、样式扫掠、沿引导线扫掠、变化的扫掠、管道。

8.2.1　扫掠

通过沿一条或多条引导线扫掠截面来创建体，使用各种方法控制沿着引导线的形状。

扫掠条件：一个截面，二条引导线，一条脊线。

（1）打开如图 8.27 所示线框图形。

图 8.27　一个截面、两条引导线和一条脊线

（2）点击"菜单"→"插入"→"扫掠"→"扫掠"命令，弹出"扫掠"对话框，如图 8.28 所示。

（3）选择截面曲线（曲线选择规则：单条曲线），按中键，按中键。

（4）选择引导线 1，按中键，选择引导线 2，按中键。

（5）点击脊线框组的选择曲线，选择脊线。如图 8.29 所示。

（6）按"确定"，生成的扫掠曲面如图 8.30 所示。

图 8.28 "扫掠"对话框

图 8.29 定义截面、引导线和脊线

扫掠对话框操作说明：

（1）截面曲线的选择，通常一条截面线直接选取就行。当有多个截面线时，可以通过单击"添加新集"来继续第二条截面线串，……，添加多条线串。

（2）引导线串，即扫掠路径的指定。最多可以指定三条引导线。

图 8.30 生成的扫掠曲面

（3）脊线：用于控制扫掠曲面的截面方位。脊线通常使用直线，当脊线比引导线短时，曲面扫掠到脊线终点就停止。参见图 8.30 所示。

当引导线是一条，不能选取脊线选项，引导线在一条以上脊线功能才能起作用。

（4）截面选项设置

截面位置：指定扫掠过程中截面位置的变化。截面位置是指截面线串在扫掠过程中相对引导线的位置。截面位置有：沿引导线任何位置和引导线末端两个选项。

① 沿引导线任何位置：截面线串的位置对扫掠轨迹不产生影响，扫掠轨迹仅根据移动线串来决定。

② 在引导线末端：在扫掠过程中，扫掠曲面从引导线的末端开始，即引导线的末端是扫掠曲线的开始端。

（5）截面选项设置与引导线条数有关：

① 当引导线三条时,既没有对齐方法控制也没有缩放方法控制。

② 当引导线二条时。

对齐方法有两种:参数、圆弧长;缩放方法有两种:均匀、横向。

③ 当引导线一条时。

对齐方法有两种:参数、圆弧长。

定位方法有七种:固定、面的法向、矢量方向、另一条曲线、一个点、角度规律、强制方向。

缩放方法有六种:恒定、倒圆功能、另一条曲线、一个点、面积规律、周长规律。

8.2.2 样式扫掠

从一组曲线创建一个精确光滑的 A 类曲面。

(1) 打开如图 8.31 所示线框图形。

点击"菜单"→"插入"→"扫掠"→"样式扫掠"命令,弹出样式扫掠对话框,如图 8.32 所示。

类型:选择"一条引导线串"(曲线规则,选择:相连曲线)。

选择"截面 1"线串,按鼠标中键,选择"截面 2"线串,按鼠标中键,选择"截面 3"线串按鼠标中键。按鼠标中键(定义截面线

图 8.31　三条截面线和一条引导线

应注意:起点一致、方向一致)。

选择"引导线",按鼠标中键,按"确定",截面线和引导线的定义参见图 8.33 所示。

生成的样式扫掠曲面如图 8.34 所示。

图 8.32　样式扫掠对话框　　　图 8.33　定义一条引导线和三条截面线　　　图 8.34　生成的样式扫掠曲面

图 8.34 样式扫掠对话框中的类型有:

① 一条引导线串：一组截面线串和一条引导线线串。

② 一条引导线串、一条接触线串：一组截面线串、一条引导线串和一条接触线串。

③ 一条引导线串、一条方位线串：一组截面线串、一条引导线串和一条方位线串。

④ 两条引导线串：一组截面线串和两条引导线串。

8.2.3 沿引导线扫掠

通过沿引导线扫掠截面来创建体（截面是封闭曲线）。

（1）打开如图 8.35 所示线框图形。

（2）点击"菜单"→"插入"→"扫掠"→"沿引导线扫掠"命令，弹出"沿引导线扫掠"对话框，如图 8.36 所示。

（3）选择截面线，按鼠标中键，选择引导线。如图 8.37 所示，按"确定"，生成的实体如图 8.38 所示。

图 8.35   一个截面和一条引导线

图 8.36   "沿引导线扫掠"对话框

图 8.37   定义截面线和引导线

图 8.38   沿引导线扫掠实体

8.2.4 变化的扫掠

通过沿路径扫掠横截面来创建体,此时横截面形状沿路径可以改变。

操作举例

1) 新建一个扫掠体文件:D:\SMGJ. PRT。

2) 绘制一条将作为扫掠轨迹的曲线。

点击工具栏的"草图"命令,弹出"创建草图"对话框。

设定 YOZ 平面为草图平面,X 方向为水平方向。按"确定"按钮,在草图中创建一条扫掠轨迹曲线,如图 8.39 所示。点击"完成草图"按钮,完成草图的创建,退出草图。

3) 创建多个可变扫掠截面

① 点击"菜单"→"插入"→"扫掠"→"变化的扫掠"命令,弹出"变化扫掠"对话框,如图 8.40 所示。

图 8.39 扫掠轨迹曲线

图 8.40 "变化扫掠"对话框

② 首先创建第一个截面。

设定参数,在"表区域驱动"选项组中单击"绘图截面"按钮,系统弹出"创建草图"对话框,如图 8.41(a)所示。选择图上扫掠轨迹曲线的端点,(点击一次,再点击一处,在点击处显示正交的基准平面)。如图 8.41(b)所示。

(a)

(b)

图 8.41 选取创建第一个截面的位置

按鼠标中键,进入创建截面草图环境,绘制草图,创建一个直径 20 的圆,如图 8.42 所示,点击"完成草图",退出草图状态。

③ 添加一个辅助截面。

在"变化的扫掠"对话框中,展开"辅助截面"选项组,单击"添加新集"按钮,从"定位方法"下拉列表中选择"通过点"选项,如图 8.43 所示,在曲线链中选择一个中间点,作为创建第二个扫掠截面的位置,如图 8.43(b)所示。

图 8.42 创建第一个扫掠截面

(a)   (b)

图 8.43 选择创建第二个截面的位置

④ 再添加一个新的辅助截面。再点击"添加新集"按钮,同样从"定位方法"下拉列表中选择"通过点"选项,在曲线链中选择另一个中间点,作为创建第三个扫掠截面的位置。接着选择创建第三、第五个截面的位置。如图 8.44(a)所示。

(a)   (b)

图 8.44 修改截面尺寸

⑤ 在绘图区单击其中一个中间截面的标签，显示该截面的草图尺寸，单击 f(x) 按钮，从其中打开的下拉列表菜单中选择"设为常量"命令，然后将该尺寸修改为 12，如图 8.44(b)所示。

⑥ 使用同样的方法，修改其他的几个中间截面的截面尺寸，修改后的实体模型如图 8.45 所示。

8.2.5 管

通过沿曲线扫掠生成圆形横截面实体，可以设定外径和内径。引导线是管道的中心线，不需要绘制截面曲线。

（1）打开如图 8.46 所示 3D 曲线。

图 8.45　扫掠实体模型

（2）点击"菜单"→"插入"→"扫掠"→"管道"命令，弹出"管道"对话框，如图 8.47 所示。

图 8.46　三维曲线

图 8.47　"管道"对话框

（3）选择曲线，按"确定"，生成外径 5、内径 4 的管道，结果如图 8.48 所示。

8.3　弯边曲面

弯边曲面功能组中有三项建模功能：规律延伸、延伸、轮廓线弯边。

8.3.1　规律延伸

动态地或基于距离和角度规律，从基本片体创建一个规律控制的延伸。

（1）打开如图 8.49(a)所示的曲面。

（2）点击"菜单"→"插入"→"弯边曲面"→"规律延伸"命令，弹出"规律延伸"对话框，如图 8.49(c)所示。

图 8.48　生成的管道

（3）选择基本轮廓：曲面边线，选择参考面，即将要延伸的曲面，如图 8.49(b)所示。

设定长度规律：规律类型：恒定；值：2；

设定角度规律：规律类型：恒定；值：120，如图 8.49(c)所示。

图 8.49　创建规律延伸曲面操作

（4）按"确定"生成的延伸曲面，如图 8.50 所示。

8.3.2　延伸

从基本片体创建延伸片体，即片体从指定的边按基本片体原有的弯曲趋势延伸一个长度。延伸的基本操作：指定基本面、指定延伸的边缘、设定延伸长度。

图 8.50　生成的延伸曲面

8.3.3　轮廓线弯边

创建具备光顺边细节、最优化外观形状和曲率连续性的 A 类曲面。

（1）打开如图 8.51 所示的曲面图形。

（2）点击"菜单"→"插入"→"弯边曲面"→"轮廓线弯边"命令，弹出轮廓线弯边对话框，如图 8.52 所示。

图 8.51　轮廓线弯边用曲面

图 8.52　"轮廓线弯边"对话框

（3）选择基本曲线（将要弯边的曲面边线）。

（4）选择基本面（将要弯边的面）。

（5）设定参考方向（指定矢量方向，X 方向）。

① 设定弯边半径：恒定、0.5 in。

② 设定弯边长度：恒定、1 in。

③ 设定弯曲角度：沿脊线值 45°，如图 8.53 所示。

（6）按"确定"，生成的轮廓线弯边曲面如图 8.54 所示。

图 8.53　选择基本曲线和基本面

图 8.54　生成的轮廓线弯边曲面

9 实体与曲面特征操作

本章主要介绍创建实体与曲面的后期细节特征操作。细节特征操作就在是主体特征构建后细节部分的构建(包括逻辑运算部分),如:拔模、倒圆角、薄壳、缝合、修剪、逻辑运算等。

9.1 组合

入口路径:"菜单"→"插入"→"组合"。

9.1.1 合并

将两个或更多实体的体积合并为单个体。

条件是:两个实体有重合的部分,即相交或两个物体面接触,如图 9.1(a)所示。不相交或点、线接触都是不行的,如图 9.1(b)和图 9.1(c)所示。

(a)　　　　　　　　(b)　　　　　　　　(c)

图 9.1　面接触和两种线接触的两实体

9.1.2 减去

从一个实体的体积中减去另一个体积,留下剩余部分。

条件是:工具体与目标体必须相交即有重合的部分。如图 9.2 所示。

(a)　　　　　　　　(b)

图 9.2　实体减去

9.1.3 相交

创建一个体,它包含两个不同的体共享的体积。

条件是:两件必须相交即有共同部分。

打开如图 9.3 所示的有重叠的两个实体。

点击"菜单"→"插入"→"组合"→"相交"命令,弹出"相交"对话框,如图 9.4 所示。

图 9.3 两个有重叠的实体   图 9.4 "相交"对话框

选取六面体,选取倒斜角的圆柱体,按"确定",生成的求交结果如图 9.5 所示。

选取目标体   选择刀具体   求交的结果
   (a)   (b)   (c)

图 9.5 求交的过程和结果

9.2 修剪

入口路径:"菜单"→"插入"→"修剪"。

9.2.1 修剪体

使用面或基准平面修剪掉一部分体,修剪后的实体还是参数化实体。

打开图 9.6 所示实体与曲面相交的图形。

点击"菜单"→"插入"→"修剪"→"修剪体"命令,弹出"修剪体"对话框,如图 9.7 所示。

图 9.6 长方体与曲面相交   图 9.7 "修剪体"对话框

选取目标体(实体),按鼠标中键,选取工具(曲面),箭头方向指向修剪的方向,按"确定",目标体被修剪了一部分,如图 9.8 所示。

（a）选取目标体　　　（b）选取工具(面)　　（c）修剪后隐藏修剪面的效果

图 9.8　修剪操作过程与修剪的结果

9.2.2　拆分体

用面、基准平面或另一几何体将一个体分割为多个体。

拆分体操作与修剪体操作相似,目标体拆分后形成两个非参数化的实体。

打开如图 9.9 所示实体与曲面相交的图形。点击"菜单"→"插入"→"修剪"→"拆分体"命令,弹出拆分体对话框,如图 9.10 所示。

图 9.9　长方体与曲面相交

图 9.10　"拆分体"对话框

选取目标体(实体),按鼠标中键,选取工具(曲面),按"确定",目标体拆分非参数化的两个实体,如图 9.11 所示。

（a）选取目标体　　　　（b）选取工具面　　　（c）拆分成非参数化的两个体

图 9.11　拆分操作过程和拆分结果

9.2.3 修剪片体

用曲线、面或基准平面修剪片体的一部分。

打开如图 9.12 所示的一个片体和两个修剪用封闭曲线。

点击"菜单"→"插入"→"修剪"→"修剪片体"命令,弹出"修剪片体"对话框,如图 9.13 所示。

图 9.12　片体和修剪用线框　　　　图 9.13　"修剪片体"对话框

选取片体,按鼠标中键,选取两个封闭的投影线串,设定投影方向(沿矢量、负 Z 方向),如图 9.14 所示。按"确定",修剪结果如图 9.15 所示。

（a）选取片体　　　　　　（b）选取投影线串

图 9.14　选取片体和选取修剪曲线和设定投影方向　　　　图 9.15　片体修剪结果

9.2.4 修剪与延伸

修建或延伸一组边或面与另一组边或面相交。

打开如图 9.16 所示的两相交的曲面。点击"菜单"→"插入"→"修剪"→"修剪与延伸"命令,弹出"修剪和延伸"对话框,如图 9.17 所示。

图9.16　两相交的曲面

图9.17　"修剪和延伸"对话框

选取目标面,按鼠标中键,如图 9.18(a)所示,选取按工具面,按鼠标中键,修剪过程如图 9.18(b)所示。

（a）选取目标面　　　　　　（b）选取工具面

图9.18　选取目标面和选取工具面

按"确定",修剪结果如图 9.19 所示。

（a）修剪结果　　　　　（b）非着色曲面的静态线框图

图9.19　修剪结果

9.2.5　取消修剪

移除修剪过的边界,形成边界自然的面。

打开 9.2.3 小节修剪过的片体,如图 9.20 所示。点击"菜单"→"插入"→"修剪"→"取消修剪"命令,弹出取消修剪对话框,如图 9.21 所示。

图9.20　修剪过的曲面

图9.21　"取消修剪"对话框

选取图中已修剪的曲面,按"确定",其结果如图9.22所示。

（a）选取已修剪过的曲面

（b）取消修剪的结果

图9.22　取消修剪操作和结果

9.2.6　分割面

用曲线、面或基准平面将一个面分割为多个面。

打开如图9.23所示的长方体前面上有一条折线。点击"菜单"→"插入"→"修剪"→"分割面"命令,弹出"分割面"对话框,如图9.24所示。

图9.23　长方体的前面有一条折线

图9.24　"分割面"对话框

选取要分割的面,按鼠标中键,选取分割对象折线,按鼠标中键,如图9.25所示。
按"确定",长方体前面分割成两部分,分割的结果用局部显示,如图9.26所示。

（a）选取要分割的面　　（b）选取分割线　　　　　面分割后 分析效果图

图9.25　分割面操作　　　　　　图9.26　分割结果用局部显示

9.3　偏置/缩放

入口路径："菜单"→"插入"→"偏置/缩放"。

9.3.1　抽壳

通过应用壁厚并打开选定的面修改实体。

打开如图9.27所示的实体图形。点击"菜单"→"插入"→"偏置/缩放"→"抽壳"命令，弹出抽壳对话框，如图9.28所示。

图9.27　带槽实体

图9.28　"抽壳"对话框

设置：类型：移除面，然后抽壳，厚度：1。

工具栏的面规则设定为：相切面。选择移除的面（下部周边相切面），如图9.29（a）所示。按"确定"，抽壳结果如图9.29（b）所示。

图 9.29　选取移除面和抽壳结果

另例，如图 9.30(a)要移除上表面(相切面)，选取上表面后如图 9.30(b)所示，抽壳的结果如图 9.30(c)所示。

图 9.30　抽壳操作和结果

9.3.2　加厚

通过为一组面增加厚度来创建实体。

打开如图 9.31 所示的片体。点击"菜单"→"插入"→"偏置/缩放"→"加厚"命令，弹出"加厚"对话框，如图 9.32 所示。

图 9.31　片体

图 9.32　"加厚"对话框

选取将要加厚的片体,如图9.33所示,偏置1设为3,偏置2设为0,如图9.32所示。按"确定",生成加厚体如图9.34所示。

图9.33 选取片体

图9.34 加厚片体

9.3.3 缩放体

缩放实体/片体。

打开如图9.35所示的实体。点击"菜单"→"插入"→"偏置/缩放"→"缩放体"命令,弹出"缩放体"对话框,如图9.36所示。

图9.35 缩放用实体

图9.36 "缩放体"对话框

对话框设置:类型为均匀;比例因子为0.5;指定点为(0,0,0)。

选取实体,按"确定",缩小后的结果如图9.37所示。

（a）选取实体

（b）缩小一半倍的实体

图9.37 选取实体和缩小的结果

9.3.4 偏置曲面

通过偏置一组面来创建偏置曲面,曲面上的点沿法向偏置一个设定的数值。

打开如图 9.38 所示曲面图形。点击"菜单"→"插入"→"偏置/缩放"→"偏置曲面"命令,弹出"偏置曲面"对话框,如图 9.39 所示。

图 9.38　偏置用曲面

图 9.39　"偏置曲面"对话框

选取曲面,如图 9.40(a)所示,反向可以改变偏置的方向。

按"确定",生成的偏置曲面如图 9.40(b)所示。

(a) 选取曲面(下面的面)　　　　(b) 生成的(向上的)偏置曲面

图 9.40　选取曲面与生成的偏置曲面

9.3.5　偏置面

从它们当前位置偏置一组面,即偏置实体的表面,实体随着表面而改变。

打开如图 9.41 所示实体模型。点击"菜单"→"插入"→"偏置/缩放"→"偏置面"命令,弹出"偏置面"对话框,如图 9.42 所示。

图 9.41　偏置用实体

图 9.42　"偏置面"对话框

选择将要偏置的实体表面,偏置值设置为:3,如图 9.43 所示。

按"确定",偏置面的结果如图 9.44 所示。

图 9.43 选择将偏置的实体表面   图 9.44 偏置结果

9.4 细节特征

入口路径:"菜单"→"插入"→"细节特征"。

9.4.1 边倒圆

对实体棱边倒圆角,半径可以是常数或变量。

打开如图 9.45 所示的实体模型。点击"菜单"→"插入"→"细节特征"→"边倒圆"命令,如图 9.46 所示。

图 9.45 倒圆角用实体   图 9.46 "边倒圆"对话框

选择要倒圆的棱边,如图 9.47 中三处。

按"确定",倒出三处圆角,如图 9.48 所示。

图 9.47 选择要倒圆的棱边   图 9.48 倒圆结果

选项选择说明:

连续性有两个选项:G1(相切),G2(曲率)。

连续性选择"G1 相切"时,倒圆角面与连接的两面在连接处相切,是倒圆角的基本形式,如图 9.49 所示。

图 9.49　连续性相切

连续性选择"G2 曲率"时,表示倒圆角面与连接的两面在连接处曲率连续,如图 9.50 所示。

图 9.50　连续性曲率连续

形状有两个选项:圆形,二次曲线。

形状选择"圆形"时,倒圆面时圆弧面,如图 9.51 所示。

图 9.51　倒圆角面截面是圆弧

形状选择"二次曲线"时,倒圆角面的截面形状是二次曲线,其中二次曲线也有三个选项:边界和中心、边界和 Rho、中心和 Rho。当选项为边界和中心时,需设定边界半径和中心半径,如图 9.52 所示。

图 9.52　倒圆角面截面形状为二次曲线

9.4.2　面倒圆

在选定面组之间添加相切圆角面。圆角形状可以是圆形、二次曲线或规律控制。

打开如图 9.53 所示的两相交曲面图形。点击"菜单"→"插入"→"细节特征"→"面倒圆"命令,弹出"面倒圆"对话框,如图 9.54 所示。

图 9.53　两相交曲面　　　　　　　　**图 9.54　"面倒圆"对话框**

类型设置:两个定义面链。

选取一个曲面,按鼠标中键,选取另一个曲面(面法向和其他设置,参见图 9.54 和图 9.55 所示)。按"确定",生成的面倒圆曲面如图 9.56 所示。

图 9.55　选取两曲面　　　　　　　　　　图 9.56　两曲面倒圆结果

9.4.3　样式倒圆

倒圆角面并将相切和曲率约束应用到圆角的相切曲线。

打开如图 9.57 所示实体模型。点击"菜单"→"插入"→"细节特征"→"样式倒圆"命令，弹出样式圆角对话框，如图 9.58 所示。

图 9.57　实体(相交面有曲线)　　　　　　图 9.58　"样式圆角"对话框

类型选择"曲线"。

选取第 1 组曲面，按中键，如图 9.59(a)所示，选取 2 组曲面，按中键，如图 9.59(b)所示，选取第 1 相切曲线，按中键，如图 9.59(c)所示，选取第 2 相切曲线，按中键，如图 9.59(d)所示。

（a）选取第一组曲面　　（b）选取第二组曲面

（c）选取第一相切曲线　　（d）选取第二相切曲线

图 9.59　选取两倒圆角面和两条相切曲线

截面方向展开，点击截面方向选择框的脊线下方的选择曲线，选取上部圆弧棱边为脊线，如图 9.60 所示。

圆弧输出选择框的修剪方向：修剪并附着。按"确定"，生成出样式圆角，如图 9.61 所示。

图 9.60　选取脊线　　　　　　**图 9.61　生成的样式圆角**

9.4.4　桥接

将两个片体光顺地连接起来。

打开如图 9.62 所示的曲面图形。

点击"菜单"→"插入"→"细节特征"→"桥接"命令，弹出"桥接曲面"对话框，如图 9.63 所示。

图 9.62　两曲面　　　　　　**图 9.63　"桥接曲面"对话框**

选取第一个曲面，选取第二个曲面。如图 9.64 所示。注意点击的曲面边缘线位置。

按"确定",生成的桥接曲面如图 9.65 所示。

图 9.64　分别选取两个曲面　　　　　　　图 9.65　生成的桥接曲面

9.4.5　倒斜角

对面之间的锐边进行倒斜角。

打开如图 9.66 所示的长方体。点击"菜单"→"插入"→"细节特征"→"倒斜角"命令,弹出"倒斜角"对话框,如图 9.67 所示。

图 9.66　长方体　　　　　　　图 9.67　"倒斜角"对话框

设置:横截面:对称;距离:10;偏置方法:沿面偏置边。

选取要倒斜角的边,如图 9.68 所示,按"确定",生成的倒斜角面,如图 9.69 所示。

图 9.68　选取要倒斜角的边　　　　　　图 9.69　生成的倒斜角面

其他几种倒斜角的偏置形式:不对称,如图 9.70 所示。

偏置和角度,如图 9.71 所示。

图 9.70　不对称倒斜角　　　　　　图 9.71　偏置和角度倒斜角

9.4.6 拔模

通过更改相对于脱模方向的角度来修改小平面。

打开如图 9.72 所示的实体模型。点击"插入"→"细节特征"→"拔模"命令,弹出"拔模"对话框,如图 9.73 所示。

图 9.72 方块上圆柱　　　图 9.73 "拔模"对话框

拔模类型有四种:从平面或曲面、从边、与多个面相切、至分型边。

选择拔模类型:从平面或曲面;指定脱模方向:Z 向。

指定固定面:指定要拔摸的面;设定拔模角度:10°,如图 9.74 所示。

拔模结果如图 9.75 所示。

图 9.74 选择拔模面和固定面　　　图 9.75 拔模结果

不同的拔模类型选择:从边、与多个面相切、至分型边分别参见图 9.76~图 9.78 所示。

图 9.76　从边拔模

图 9.77　与多个面相切拔模

图 9.78　至分型边拔模

9.4.7 拔模体

在分型面的两侧添加并匹配拔模,用材料自动填充底切区域。

打开如图 9.79 所示的图形文件。点击"菜单"→"插入"→"细节特征"→"拔模体"命令,弹出拔模体对话框,如图 9.80(b)所示。

类型选择:

① 选择分型对象:如图 9.80(b)所示的分型对象(基准平面)。

② 指定脱模的方向:Z 向。

(a)　　　　　　　　　　　　　　　　　　(b)

图 9.79　将拔模的实体　　　　　　　　**图 9.80　拔模体对话框和操作**

③ 选择要拔模的面:柱体四周的面。

④ 指定拔模角度:10°。

⑤ 按"确定",生成如图 9.81 所示的拔模体。

图 9.81　拔模效果图

10 建模操作实例

10.1 手机模型建模

创建如图 10.1 所示的手机实体模型。

注：顶截面的两圆弧相切
键盘孔：椭圆尺寸大半径3、小半径1.5
阵列XC方向5个、孔距7
YC负方向3个、孔距8

图 10.1 手机模型尺寸图

建模主要步骤：① 创建本体底面外形轮廓；② 创建顶面修剪用曲面；③ 本体拉伸与修剪体；④ 边倒圆与本体抽壳；⑤ 创建窗口与按键孔。

在指定目录下新建一个零件，如：F:\手机\手机. PRT

1) 创建本体底面外形轮廓(默认图层 1)

点击"菜单"→"插入"→"在任务环境中绘制草图"命令(或直接点击工具栏的"草图"功能按钮，后面不写出操作路径，就是直接点击工具栏的功能按钮)，弹出创建草图对话框，按"确定"，自动选择了 XOY 平面为草图平面，创建如图 10.2 所示的手机外轮廓一半图形。标注尺寸和添加位置约束。

点击"菜单"→"插入"→"草图曲线"→"镜像曲线"(或直接点选工具栏的"镜像曲线"功能按钮)，弹出镜像曲线对话框。

选择上图中除与 X 轴重合的直线之外，所有的曲线为"要镜像"的曲线，选择与 X 轴重合的直线为"中心线"，点击"确定"，结果如图 10.3 所示 。点击工具栏的"完成草图"按钮，退出草图。

图 10.2　手机外轮廓一半图形

图 10.3　镜像曲线

2）创建顶面修剪用曲面（设定图层 2）

（1）创建引导线草图

点击"草图"功能按钮，弹出创建草图对话框，选择 *XOZ* 平面为草图平面，按"确定"，进入创建草图界面，创建如图 10.4 所示的草图（两段相切圆弧）。

图 10.4　绘制引导线圆弧

将引导线右端约束到 *Y* 轴上，点击工具栏的"快速尺寸"按钮，标注尺寸，如图 10.5 所示。

图 10.5　引导线尺寸、位置约束

点击工具栏的"完成草图"按钮,退出草图,完成引导线草图绘制。视角换到等角视图。

(2) 创建截面曲线草图

点击"草图"功能按钮,弹出创建草图对话框,选择 *YOZ* 平面为草图平面,按"确定",进入创建草图工作界面。

在工具栏上选择"圆弧"按钮,弹出圆弧对话框,利用"三点圆弧"图标功能,绘制一段圆弧,如图 10.6 所示。

加位置约束,将圆弧圆心约束到 *Y* 轴上,点击工具栏上的"快速尺寸"按钮,标注尺寸,如图 10.7 所示。

图 10.6　绘制截面曲线

图 10.7　顶部曲线尺寸标注

点击"完成草图"按钮,退出草图状态。

(3) 创建扫掠曲面(设定图层 3)

点击"菜单"→"插入"→"扫掠"→"扫掠"命令,弹出扫掠对话框,如图 10.8 所示。

在"截面"组框中,点击"截面"按钮,在图形区选择如图 10.9 所示的截面曲线(圆弧),然后在"引导线"组框中,点击"引导线"按钮,在图形区选择如图 10.9 所示的引导线。

图10.8 "扫掠"对话框

图10.9 选择截面曲线和引导线

扫掠对话框中其他选项选择默认设置,点击"确定"按钮,完成扫掠曲面创建,如图10.10所示。

3) 本体拉伸与修剪体(设定图层4)

(1) 创建拉伸特征

点击工具栏的"拉伸"功能按钮,弹出拉伸对话框,如

图10.10 创建扫掠曲面

图10.11所示。在截面组框中显示选择曲线状态,选择第一步画的底面轮廓草图为要拉伸的曲线,在限制组框中选择"值"的拉伸方式,在开始距离和结束距离文本框中输入"0"和"20",在拔模组框中的拔模选项选择"从起始限制",角度文本框中输入"6",点击"确定",拉伸特征创建完成,如图10.12所示。

图10.11 "拉伸"对话框

图10.12 创建拉伸特征

(2) 修剪体

点击工具栏上的"修剪体"按钮(或选择"菜单"→"插入"→"修剪"→"修剪体"),弹出"修剪体"对话框,如图10.13所示。

点击目标组框中"选择体"按钮,在图形区选择拉伸实体为修剪目标体,在工具组框中的工具选项下拉列表选择"面或平面",在图形区选择扫掠出的曲面作为修剪面,图形区会显示修剪效果预览,确认修剪方向(箭头指向修剪的方向),点击"确定"按钮,完成本体上部的修剪,如图 10.14 所示。

图 10.13 "修剪体"对话框

图 10.14 本体修剪结果

4) 边倒圆与本体抽壳(关闭层 1、2、3)

(1) 边倒圆

点击工具栏上的"边倒圆"按钮,弹出边倒圆对话框,如图 10.15 所示。在图形区选取将要倒圆的边缘线,在对话框中输入倒圆半径为 1,点击"确定",倒圆角结果如图 10.16 所示。

图 10.15 "边倒圆"对话框

图 10.16 边倒圆结果

(2) 本体抽壳

点击工具栏上的"抽壳"按钮,弹出抽壳对话框。在"类型"组框中选择"移除面然后抽壳",在图形区选择手机实体底面,然后在厚度组框中的厚度文本框中输入 1,如图 10.17 所示。点击"确定",完成抽壳特征创建,抽壳结果如图 10.18 所示。

图 10.17 "抽壳"对话框

图 10.18 抽壳结果

5）创建窗口与按键孔（设定层 5，关闭层 4）

（1）草图的创建

点击"菜单"→"插入"→"基准/点"→"基准平面"按钮，弹出基准平面对话框，如图 10.19 所示。选择 XOY 面为选择对象，距离为 30，数量为 1，点击"确定"，基准平面创建完成，如图 10.20 所示。

图 10.19 "基准平面"对话框

XOY平面向上偏置30的基准平面

图 10.20 创建基准平面

点击工具栏上的"草图"按钮，选择上一步创建的基准平面为草图平面，点击"确定"，进入草图工作界面。创建一个矩形与一个椭圆（长轴 3，短轴 1.5），具体尺寸、约束如图 10.21 所示。

图 10. 21　屏幕窗口与按键孔草图

（2）创建窗口与按键通孔（显示层 4）

点击"拉伸"功能按钮，弹出拉伸对话框，如图 10. 22 所示。选择上一步画的窗口曲线为要拉伸的曲线，在限制组框中选择"值"的拉伸方式，在开始距离和结束距离文本框中输入"0"和"贯通"，在布尔组框中选择"减去"，选择手机实体，点击"确定"，屏幕拉伸切割特征建立完成，如图 10. 23 所示。

图 10. 22　"拉伸"对话框

图 10. 23　屏幕窗口拉伸结果

用同样的方法选择上一步草图中画的椭圆，拉伸切割手机按键孔，效果如图 10. 24 所示。

点击"菜单"→"插入"→"关联复制"→"阵列特征"，弹出阵列特征对话框，如图 10. 25 所示。

图 10. 24　按键孔拉伸结果

图 10.25 "阵列特征"对话框

阵列定义选择线性布局,点击选择特征(1),选取上一步创建的按键孔拉伸特征,方向 1 指定 X 方向,数量 5,节距 7;方向 2 指定 Y 方向,数量 3,节距—8。按"确定",隐藏草图和基准,结果如图 10.26 所示。

(a)   (b)

图 10.26 手机模型正反面

保存零件,退出手机模型的创建。

10.2 旋钮建模

创建图 10.27 所示的旋钮实体模型。

(a)   (b)

(c)   (d)

图 10.27 旋钮模型与尺寸

在指定目录下新建一个零件,如 F:\旋钮\旋钮.PRT

1) 创建底面六边形(在 XOY 平面中,外接圆直径 80)(默认图层 1)

(1) 点击工具栏"草图"功能按钮,弹出创建草图对话框,按"确定",默认选择 XOY 平面为草图平面,进入草图环境。

(2) 点击"菜单"→"插入"→"草图曲线"→"多边形",弹出多边形对话框,如图 10.28(a)所示,选择原点为指定点,边数为 6,大小选择外接圆半径,半径大小设置为 40,半径前选择框打勾,设置旋转角度 0°,旋转前选择框打勾,六边形建立完成,再用位置约束将六边形中心点固定到坐标系原点,如图 10.28(b)所示,点击"完成草图"按钮,退出草图。

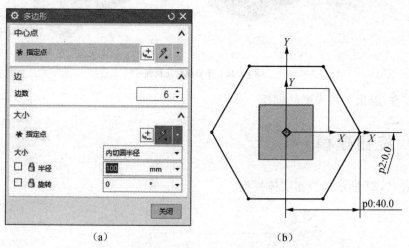

(a)   (b)

图 10.28 "多边形"对话框

2) 创建手把顶面轮廓曲线(在平行 XOY 平面,高 20 的平面中)(设定图层为 2,关闭层 1)

(1) 点击"菜单"→"插入"→"基准/点"→"基准平面"按钮,弹出基准平面对话框,如

图 10.29 所示。选择 XOY 面为选择对象,距离为 20 mm,数量为 1,点击"确定",基准平面创建完成,如图 10.30 所示。

图 10.29 "基准平面"对话框　　　　　　　　图 10.30 创建基准平面

（2）点击工具栏的"草图"功能按钮,选择刚创建的基准平面为草图平面,点击"确定",进入草图环境。

（3）点击工具栏的"圆"功能按钮,画出三个圆,两侧两个半径为 81 的圆,圆心通过约束与 X 轴共线,中间圆的圆心约束在原点上,再将三个圆进行尺寸约束,约束如图 10.31 所示。

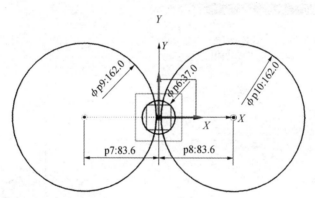

图 10.31 对三个圆进行位置约束、尺寸约束

（4）点击工具栏的"快速修剪",使用快速修剪功能,修剪出所需要的手把形状,如图 10.32 所示。

（5）点击工具栏中的"圆角"命令,输入半径为 2.4,点击图中旋钮的四个边角,倒出四个半径为 2.4 的圆角,结果如图 10.33 所示。点击"完成草图"按钮,手把顶面轮廓草图建立完成。

图 10.32　修剪后的草图形状　　　　　图 10.33　手把草图建立完成

3）实体建立

六边形向上拉伸 5，向内拔模 6°；手把草图向下拉伸 15，向外拔模 12°，与六边形体合并。

（1）拉伸六边形实体。设置图层 3 为工作图层，把所有层设为可见，隐藏创律手把草图的基准平面。点击"拉伸"功能按钮，弹出拉伸对话框，如图 10.34（a）所示。

（a）　　　　　　　　　　　　　　　（b）

图 10.34　"拉伸"对话框和拉伸实体

在表区域驱动框组为默认选择曲线状态，选择六边形为要拉伸的曲线，拉伸方向设定为 Z 向，在限制组框中选择"值"的拉伸方式，在开始距离和结束距离文本框中输入"0"和"5"。按"确定"。拉伸生成的六边形体如图 10.34（b）所示。

六边形侧面拔模，点击"拔模"功能按钮，弹出拔模对话框，类型选择：边；方向：Z 向；固定边：六边形底面棱边；拔模角度 1：6′。如图 10.35（a）所示。按"确定"，拔模后的实体如图 10.35（b）所示。

注：角色设定为高级时，拉伸中没有拔模功能，如果角色设定为基本功能，拉伸功能中就

带有拔模功能。

(a)

(b)

图 10.35　拔模对话框和六边形侧面拔模

（2）拉伸手把实体

手把拉伸：点击"拉伸"功能按钮，弹出拉伸对话框。设置：表区域驱动选择曲线：手把草图（为所要拉伸的截面曲线）；方向：—Z 方向；在限制组框中选择"值"的拉伸方式，在开始距离和结束距离文本框中输入"0"和"15"；布尔：合并。按"确定"，生成的手把实体如图 10.36 所示。

图 10.36　手把拉伸实体

图 10.37　手把侧面拔模

手把拉伸体拔模：点击"拔模"功能按钮，弹出拔模对话框。设置：类型：面；脱模方向：—Z 方向；固定面：手把上表面；要脱模的面：相切的整个侧面；角度：—12°。按"确定"，生成的手把拔模效果如图 10.37 所示。

4）创建一个球体

圆心$(0,0,-68)$，直径 156，用平行于 XOY 平面 Z5 位置的平面修剪掉下部分，与主体合并。

（1）创建球体

点击"菜单"→"插入"→"设计特征"→"球"，弹出球对话框，类型标签选择"中心点与直径"，指定点选择点击"点对话框"按钮，在弹出的点对话框中，坐标组框中参考选择"WCS"，XC、YC、ZC 分别输入"0"、"0"、"—68"，如图 10.38 所示。点击"确定"回到球对话框，"直径"输入 156，点击"确定"，球体建立完成（部分显示），如图 10.39 所示。

图 10.38　"点"对话框

图 10.39　球体建立

（2）修剪

点击工具栏的"修剪体"功能按钮，弹出修剪体对话框，选择刚刚建立的球体为目标体，工具选项中选择新建平面，点击指定平面，点选六边形实体的上表面为新建平面（由于是要切掉下半个球体，所以选择反向，箭头指向修剪方向），点击"确定"，球面实体修剪完成，如图 10.40 所示。

图 10.40　球体修剪结果

（3）实体求和

点击工具栏的"合并"功能按钮，弹出合并对话框。选择前面修建后的球体为目标体，六边形实体为工具体，点击"确定"，实体合并完成。

5）多处棱边倒圆（关闭层 1、2）

点击工具栏的"边倒圆"功能按钮，弹出边倒圆对话框，将六边形实体六个角倒 R8，如图 10.41 所示。其他边缘倒圆角为六边形顶面倒 R1，手把与球体交界处边倒 R4.2，手把顶面边倒 R1.38，完成后如图 10.42 所示。

图 10.41　"边倒圆"对话框

图 10.42　边倒圆完成效果

6）抽壳

点击工具栏的"抽壳"功能按钮,弹出如图 10.43 所示的对话框。类型选择"移除面,然后抽壳",要穿透的面选择六边形底面,厚度设为 1,具体设置如对话框所示,按"确定",抽壳的结果如图 10.44 所示。保存零件,退出旋钮模型的创建。

图 10.43　"抽壳"对话框

图 10.44　抽壳后效果图

10.3　波轮建模(外形复杂先创建曲面,加厚生成实体)

创建如图 10.45 所示的波轮模型。

（a）　　　　　　　　　　　　　　　　　（b）

图 10.45　波轮实体模型及尺寸图

在指定目录下新建一个零件,如:F:\波轮\波轮.PRT

1）创建基面截面轮廓曲线(用曲线功能创建)

建模前的基本设定:隐藏基准坐标系,显示并旋转工作坐标系 $YC \rightarrow ZC(90°)$。

创建截面轮廓曲线:工作层 1,视图为前视。在前视图方向创建基面的截面轮廓曲线,轮廓数据如下(曲线建模坐标都是 WCS 坐标值):

$R30$ 的圆弧:圆心(0,−30,0)、通过点(30,−30,0)、终点限制角度 90°。

$R44$ 的圆弧:圆心(118,−4,0)、通过点(74,−4,0)、终点限制角度 180°。

直线:起点(160,－31,0)、平行 X 轴,给定一个合适的长度,与 R44 圆弧相交即可。

画两圆弧的切弧(R260):用"菜单"→"插入"→"曲线"→"直线和圆弧"→"圆弧(相切－相切－半径)"命令;逆时针顺序选取圆弧,如果画出的圆弧是整圆,可以用可回滚编辑。在限制组框中,不选取整圆方式,即去掉整圆前的打勾;如果在界面上保留的是大半圆,可点击补弧,按"确定"。创建的基面截面轮廓线草图如图 10.46 所示。

用曲线修剪功能修剪,修剪多余的曲线,修剪完成后的截面轮廓如图 10.47 所示。

图 10.46 基面截面轮廓线草图   图 10.47 基面截面轮廓线

2) 创建基面(用旋转功能将基面截面轮廓旋转一周)

① 工作图层设为 2,视角设为等角视图。

基面截面轮廓作为旋转截面,旋转轴:指定矢量 YC 轴,指定点 WCS(0,0,0)。

② 创建波轮基面。

点击工具栏的"旋转"功能按钮,曲线规则选择相连曲线,选择截面曲线(基面截面轮廓线),设定指定矢量(YC 轴),旋转中心指定点(0,0,0),旋转角度从 0°～360°。按"确定",生成的旋转基面如图 10.48 所示。

图 10.48 波轮基面

3) 创建叶轮线框模型

(1) 创建叶轮基面上轮廓线的投影用曲线

① 工作层设为 3,层 1、2 设为不可见,工作坐标系 ZC 转向 YC(90°),定向视图到俯视图。

② 在工作视图 Z0 平面中,创建叶轮底面轮廓投影用曲线和一条辅助打断用的直线。

R10 圆弧:圆心(30,0,0)、通过点(40,0,0)、终止限制角度 180°。

R30 圆弧:圆心(121,4,0)、通过点(151,4,0)、终止限制角度 180°。

R10 和 R30 两圆弧的切弧(R234):用"菜单"→"插入"→"曲线"→"直线和圆弧"→"圆弧(相切－相切－半径)"命令创建 R234 圆弧(逆时针方向选择两个切弧)。修剪多余部分。

R149 圆弧:圆心(0,0,0)、通过点(149,0,0)、终止限制角度 30。

水平直线:两点(0,7,0)、(160,7,0)。如图 10.49 所示(R149 圆弧图中仅显示一部分)。

图 10.49 投影用曲线草图   图 10.50 投影用曲线

③ 修剪和打断:R10 圆弧和 R149 圆弧与水平直线相交处打断,R30 圆弧和 R149 圆弧

之间倒 R20 圆角。曲线打断(分割)的入口路径:"菜单"→"编辑"→"曲线"→"分割"。两圆弧之间倒圆角的入口路径:"菜单"→"插入"→"曲线"→"直线和圆弧"→"圆弧(相切—相切—半径)"。如图 10.50 所示。

④ 投影曲线:先打开图层 2,点击"菜单"→"插入"→"派生曲线"→"投影"命令,弹出投影曲线对话框。要投影的曲线:选择图 10.50 的曲线,按打断点分 3 次选取进行投影,即投影到基面上的曲线是 3 条投影线。要投影的对象:图层 2 中的波轮基面,投影方向:—ZC 方向,指向基面。曲线投影完成,关闭图层 2,隐藏投影用曲线,结果如图 10.51 所示。

图 10.51　叶轮底面轮廓线

(2) 创建叶轮顶面轮廓线(完成叶轮线框模型的一半)

将工作坐标系从 YC 向 ZC 方向旋转 90°,再将工作坐标系向—ZC 方向移 7。视角选择俯视图。

点击"菜单"→"插入"→"曲线"→"直线"命令,弹出直线对话框。用鼠标捕捉叶轮底面轮廓线左侧的打断点(即直线的开始起点),输入结束终点(77,0,0),按"应用",生成第一段直线。用鼠标捕捉刚生成的曲线的终点作为第二段曲线的起点,输入结束终点(132,0,0),按"应用",生成第二段直线。用鼠标捕捉刚生成的曲线的终点作为第三段曲线的起点,用鼠标捕捉前面打断的叶轮底面轮廓线右侧的打断点作为第三段直线的终点。按"确定"。创建完成叶轮顶面轮廓线,视角转到等角视图,如图 10.52 所示。

点(77,0,0)处倒 R60 圆角,点(132,0,0)处倒 R20 圆角,如图 10.53 所示。

图 10.52　叶轮顶面轮廓线

图 10.53　倒角后的叶轮顶面轮廓线

图 10.54　叶轮线框模型

(3) 以 XOZ 为镜像平面镜像另一半

视角转向俯视图,显示基准坐标系。点击"菜单"→"编辑"→"变换"命令,弹出变换对话框。一条一条选取全部要镜像的曲线,按"确定",弹出变换对话框,选取"通过一平面镜像",选取 XOZ 平面作为镜像平面,距离 0,按"确定",在弹出的变换对话框中,点击"复制"功能键,复制另一半,按"取消",退出镜像功能状态,视角转到等角视图,如图 10.54 所示。

4) 创建叶轮曲面(隐藏坐标系,视角转到一个合适的角度)

① 工作层设为 4,叶轮曲面分成三片绘制。点击"菜单"→"插入"→"网格曲面"→"通过曲线网格"命令,弹出通过曲线网格对话框,如图 10.55(a)所示,定义网格曲面的主曲线和交叉曲线(注:主曲线 1 是点,主曲线 2 是单段曲线),按"确定",生成网格曲面,如图 10.55(b)所示。用同样的方法创建对称的另一面,接着创建中间曲面,结果如图 10.56 所示。

图 10.55 网格曲面的主曲线和交叉曲线

② 点击"菜单"→"插入"→"组合"→"缝合"命令,弹出缝合对话框,两两缝合,缝合两次,将三片缝合在一起。

5) 阵列复制其余 4 个叶轮曲面

关闭 3 层,旋转复制其他 4 片叶轮曲面。点击"菜单"→"插入"→"关联复制"→"阵列几何特征"命令,弹出阵列特征对话框。操作设定见图 10.57(a)所示。选择对象为缝合后的叶轮曲面,指定矢量为 Z 轴,指定点(0,0,0),按"确定",生成如图 10.57(b)所示的五片叶轮。

图 10.56 叶轮曲面

(a)   (b)

图 10.57 五片叶轮曲面

6) 修剪多余部分曲面

(1) 打开图层 2。

(2) 点击"菜单"→"插入"→"修剪"→"修剪和延伸"命令,弹出修剪和延伸对话框。目标面选择基面、工具面选择缝合过的叶轮曲面,按"应用",如图 10.58 所示。

（a）　　　　　　　　　　　　　（b）

图 10.58　基面修剪

接着用同样的方法修剪其他四处,修剪之后的波轮曲面的正面和反面,如图 10.59 所示。再将五片叶轮与基面缝合。

（a）正面　　　　　　　　　　　（b）反面

图 10.59　波轮曲面的正面和反面

7) 倒圆角

视角转到俯视图。倒圆角:选取一个叶轮的二条顶面曲线串和该片叶轮与基面的整个交线,圆角半径设定为 R3,按"应用"。用同样的方法倒其他 4 个叶轮的圆角面。

8) 加厚(工作层设为 5 层)

将曲面加厚 2,生成实体。点击"菜单"→"插入"→"偏置/缩放"→"加厚"命令,弹出加厚对话框。设定加厚曲面,点击波轮曲面(面规则:相切面)。设定偏置 1:2,偏置 2:0,方向向下,按"确定"。将工作坐标系 $ZC\to YC$,YC 原点向负方向移 7。外侧面向$-ZC$ 方向拔模 6°,如图 10.60 所示。

图 10.60　波轮实体图

保存零件,退出波轮模型的创建。

10.4　小车外壳建模

初始条件：已创建好小车线框模型。将线框模型创建成曲面模型。

打开小车的线框模型。小车的线框模型（小车.prt）。

为了便于观察，隐藏基准平面和部分线条，如图 10.61 所示。

（a）等角视图　　　　　　　　　（b）前视图

图 10.61　小车线框模型

小车外壳建模主要步骤（曲面模型的创建）：1）创建前后、前后盖、顶面、侧面曲面；2）特征面之间的连接；3）顶面与小窄长面的连接；4）上盖帽与侧面的连接；5）缝合及修剪曲面；6）镜像和缝合；7）顶面与小车主体曲面多余部分的修剪，轮胎缺口部位的修剪。

1）创建前后面、前后盖面、顶面和侧面曲面（用"通过曲线组"曲面功能，当前层 40）

创建小车的前面，点击"菜单"→"插入"→"网格曲面"→"通过曲线组"命令，弹出通过曲线组对话框。视角设定为正等测图，适当放大图形，按顺序定义 5 条截面曲线，首先定义最左边的一条：将光标放在曲线的上端部分，按左键接着按中键（接着定义第 2 条、第 3 条……直到第 5 条），定义完全部 5 条曲线（顺序定义，方向要一致），其余选项、设置按默认值，如图 10.62 所示，按"应用"，生成前面曲面。

（a）　　　　　　　　　　　（b）

图 10.62　定义小车前面曲面

图 10.63　侧后面、前后盖面和顶面完成后的效果

接着用同样的方法创建其他面，结果如图 10.63 所示。

2) 特征面之间的连接(隐藏上一步创建曲面用的曲线,即关闭层20)

(1) 两顶面,两盖面的桥接

点击"菜单"→"插入"→"细节特征"→"桥接"命令,弹出桥接对话框。选取第一个边,即顶面的边1(光标放在顶面边线上,按"左键"),选取第二个边,即另一个顶面的边(光标放在另一个顶面的边线上,按"左键"),如图10.64所示。注意选取的边缘方向一致,约束组框的连续性都选择"相切",按"应用",生成顶面的桥接面。如图10.64所示。同样的方法桥接两盖面,如图10.65所示。

（a）　　　　　　　　　　　　（b）

图 10.64　两顶面的桥接

（a）　　　　　　　　　　　　（b）

图 10.65　两盖面的桥接

（2）前、侧面和侧、后面之间桥接

用同样的方法桥接前面与侧面的连接，约束组框的连续性也都选择"相切"，流向的选择：边 1 和 2 都选择等参数。如图 10.66 所示。注意选取的边缘方向一致。按"确定"。侧、后面之间桥接操作方法和选项的选择都相同。以上桥接都完成的结果如图 10.67 所示。

图 10.66　前面与侧面的桥接

图 10.67　两顶面、两盖面和前侧面、后侧面的桥接效果

（3）前面、前盖面和后盖面、后面之间的连接

可以用桥接，但桥接曲面的连接只有相切和曲率连续两种情况。采用截面过渡功能，则过渡情况更灵活。显示与 Y 轴重叠的直线。

① 前面与前盖面的连接

点击"菜单"→"插入"→"扫掠"→"截面"命令，弹出截面曲面对话框。类型：二次曲线，模式：Rho，起始面和终止面为要连接的两个面，选择两个面要相连的线为起始引导线和终止引导线（与起始面和终止面对应），Rho 规律类型设为恒定，值设为 0.5，脊线的选择如图 10.68 所示，按"应用"。生成截面连接曲面。

图 10.68　前面与前盖面创建截面的定义

② 用同样的方法,将后面与后盖面相连接,结果如图 10.69 所示。

图 10.69　后面与后盖面的截面连接效果　　　　图 10.70　创建小窄长曲面

3）顶面与小窄长面的连接

视角设定为正等侧视图,打开层 20 显示线框模型的线条,创建小窄长面。

点击"菜单"→"插入"→"网格曲面"→"通过曲线组"命令,创建如图 10.70 所示的小窄长曲面。关闭层 20。

顶面与小窄长面之间使用截面功能为好,将要连接的两个曲面,如图 10.71 所示。

图 10.71　将要连接的两个曲面　　　　图 10.72　顶面与小窄长面的截面连接定义

点击"菜单"→"插入"→"扫掠"→"截面"命令,弹出截面曲面对话框。类型:二次曲线,模式:Rho,起始面为顶面 3 个面,终止面为小窄长面,起始引导线为 3 个顶面前边缘线,终止引导线为小窄长面的上边缘线,脊线为与 XC 轴重合的直线,Rho 值设为 0.5,如图 10.72 所示。按"确定"。

截面创建效果,如图 10.73 所示。

图 10.73　所有顶面与窄长面之间的截面连接　　　　图 10.74　将要连接的上盖面与侧面

4）上盖面与侧面的连接

将要连接的上盖面与侧面,隐藏了其余部分,如图 10.74 所示,用截面功能创建连接曲面。

用创建顶面与小窄长面的截面的相同方法,Rho 都取 0.5,创建上盖面与侧面的截面连接,结果如图 10.75 所示。

图 10.75　上盖面与所有侧面的截面连接

图 10.76　所缺部分的桥接

　　尾部最后未连接的部分,用桥接功能创建曲面,点击"菜单"→"插入"→"细节特征"→"桥接"命令,选择要连接的两个面,其中选项设置:连续性边 1 和边 2:相切;流向边 1 和边 2:未指定。按"确定"。结果如图 10.76 所示。

　　5)缝合及修剪曲面

　　先将小窄长面隐藏,其余的曲线隐藏,显示全部曲面,关闭层 30。

　　(1) 车顶缝合

　　点击"菜单"→"插入"→"组合"→"缝合"命令,弹出缝合对话框,目标选择顶面上的一个面,工具选择其它 5 个面,如图 10.77 所示,按"确定"。顶面全部缝合在一起。

（a）　　　　　　　　　　　　　　　（b）

图 10.77　车顶缝合

　　(2) 侧面缝合

　　用同样的方法将剩下的面全部缝合。如图 10.78 所示。

（a）　　　　　　　　　　　　　　　（b）

图 10.78　侧面缝合

（3）修剪（从俯视图看，创建小车的曲面并不完整，约为三分之二，所以从小车的对称中心线修剪，剩余完整的半个部分，然后镜像复制，生成完整的小车曲面。显示基准坐标系）

① 修剪顶面

点击工具栏的"修剪体"功能按钮，弹出修剪体对话框，目标选择体选择顶面曲面，工具指定平面，选择 XOZ 平面，按"应用"顶面修剪完成。如图 10.79 所示。

（a）　　　　　　　　　　　　　（b）

图 10.79　修剪顶面

② 修剪主体曲面

目标选择体选择主体曲面，工具指定平面，选择 XOZ 平面，按"确定"，侧面修剪完成。如图 10.80 所示。

（a）　　　　　　　　　　　　　（b）

图 10.80　侧面的修剪

6）镜像和缝合

通过修剪得到了一半曲面，镜像得到整个完整的曲面，曲面对称就不会出现凸棱。

（1）镜像

点击"菜单"→"插入"→"关联复制"→"镜像几何体"命令，弹出镜像体对话框，选择体：所有面，镜像平面：XOZ 平面，按"确定"，如图 10.81 所示。

图 10.81　镜像得到完整的小车曲面模型

（2）缝合

将镜像后的对应两个面缝合起来。首先缝合顶面。

点击"菜单"→"插入"→"组合"→"缝合"命令，弹出缝合对话框，依次选择顶面要缝合的两个面，结果如图 10.82 所示，按"应用"，顶面缝合成一个面，如图 10.83 所示。接着选取小车主体曲面要缝合的两个面，按"确定"，小车主体曲面缝合成一个整面。

（a） （b）

图 10.82 顶面缝合

图 10.83 缝合的曲面 图 10.84 旋转一个角度显示

7）顶面与小车主体曲面多余部分的修剪、轮胎缺口部位的修剪

（1）将缝合后的小车曲面旋转一个角度显示，看到有多余部分。如图 10.84 所示。

点击"菜单"→"插入"→"修剪"→"修剪片体"命令，弹出修剪片体对话框。选择目标体（整个小车主体曲面），选择边界对象（整个顶盖曲面），如图 10.85 所示。按"应用"，小车主体曲面中间部分被修剪掉。

（a） （b）

图 10.85 修剪小车主体曲面中间部分

继续修建，即修剪顶部多余的曲面部分。

选择目标体（整个顶盖曲面），选择边界对象（整个小车主体曲面），如图 10.86 所示，按"确定"，顶面多余部分修剪完成，如图 10.87 所示。

（a）　　　　　　　　　　　　　（b）

图 10.86　修剪顶部曲面中间部分

图 10.87　全部修剪完成的效果

图 10.88　汽车轮胎缺口部位修剪用曲线

（2）显示小车轮胎缺口部位修剪用曲线，如图 10.88 所示。

修剪轮胎缺口部位：点击"菜单"→"插入"→"修剪"→"修剪片体"命令，弹出修剪片体对话框。

选择片体：小车曲面，边界对象：前后轮修剪用曲线，投影方向 YC 方向矢量，按"确定"，小车曲面修剪完成，结果如图 10.89 所示。保存零件，退出曲面的创建。

（a）　　　　　　　　　　　　　（b）

图 10.89　创建完成的小车曲面

10.5　香皂模型建模

创建如图 10.90 所示的香皂实体模型,先创建曲面、缝合生成实体。

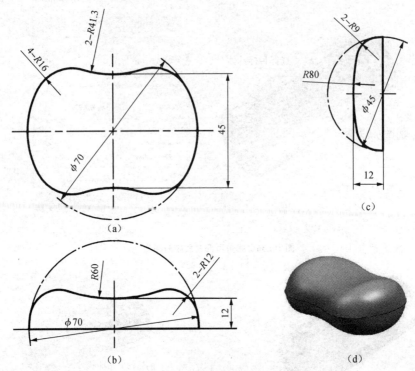

图 10.90　香皂实体模型和尺寸图

建模分析:香皂模型尺寸数据给出的是下半部三个基准面中的轮廓尺寸,所以先创建一半的轮廓曲面形状,然后镜像成整个外形,再缝合生成实体。

建模步骤:1) 创建 XOY 平面中的轮廓外形;2) 创建下半部 XOZ 平面中的轮廓截面曲线;3) 创建下半部 YOZ 平面中的轮廓截面曲线;4) 创建下半部分外形曲面;5) 镜像生成上半部分曲面;6) 缝合生成实体。

1) 创建 XOY 平面中的轮廓外形

(1) 点击工具栏的"草图"功能按钮,弹出草图对话框,按"确定",默认选择 XOY 平面为草图平面,进入草图功能。创建如图 10.91 所示的 XOY 平面中轮廓的一半图形(添加位置约束:半径 41.3 圆弧的圆心在 Y 轴上,标注尺寸)。

(2) 点击工具栏的"镜像曲线"功能按钮,弹出镜像曲线对话框。如图 10.92 所示。

图 10.91　*XOY* 平面中轮廓的一半图形

图 10.92　"镜像曲线"对话框

选择图中除与 *X* 轴重合的直线之外的相切曲线为要镜像的曲线,选择与 *X* 轴重合的直线为中心线,点击"确定",结果如图 10.93 所示。点击"完成草图"按钮,退出草图。

2）创建下半部 *XOZ* 平面中截面曲线(隐藏草图 1)

点击"草图"功能按钮,弹出草图建模对话框,选择 *XOZ* 平面为草图平面,按"确定",进入草图功能界面。创建如图 10.94 所示的截面曲线草图(R60 圆弧的圆心在 Y 轴上,直径 70 的圆弧圆心在原点)。

图 10.93　镜像曲线

图 10.94　*XOZ* 平面中截面曲线

图 10.95　*YOZ* 平面中截面曲线

3）创建下半部 *YOZ* 平面中截面曲线(隐藏草图 1)

点击"草图"功能按钮,弹出草图建模对话框,选择 *YOZ* 平面为草图平面,按"确定",进入草图功能界面。创建如图 10.95 所示的截面曲线草图(R80 圆弧的圆心在 Y 轴上,直径 70 的圆弧圆心在原点)。

4）创建下半部分外形曲面(用网格曲面功能)

图层设为 2,显示所有草图,视图转到一个合适的位置,如图 10.96 所示。(隐藏基准坐标系,隐藏了不在曲面上的直线)。

图 10.96　香皂下半部分线框模型　　　　图 10.97　"通过曲线网格"对话框

创建下半部分曲面模型

点击"菜单"→"插入"→"网格曲面"→"通过曲线网格"命令,弹出通过曲线网格对话框,如图 10.97 所示(分别定义网格两个方向的线串)。

定义主曲线(将香皂短的方向作为主曲线方向):

主曲线 1:点;主曲线 2:一条相切的曲线;主曲线 3:点。如图 10.98 所示。

定义交叉曲线(将香皂长的方向作为交叉曲线方向):

交叉曲线 1:前侧的一条线串;交叉曲线 2:中间部位的一条线串;交叉曲线 3:后面的一条线串。如图 10.99 所示。

图 10.98　定义主曲线　　　　　　　　图 10.99　定义交叉曲线

按"确定",生成香皂下半部分外形曲面。如图 10.100 所示。

图 10.100　香皂下半部分外形曲面

5) 镜像生成上半部分曲面

关闭层 1,视角转到等角视图,显示基准坐标系。

点击"菜单"→"插入"→"关联复制"→"镜像特征"目录,弹出镜像特征对话框,如图10.101所示。

图 10.101 "镜像特征"对话框

图 10.102 镜像曲面

定义要镜像的特征,选取香皂下半部的曲面。

定义镜像平面,选取 XOY 平面。按"确定",生成如图10.102所示的镜像曲面。

6) 缝合生成实体(隐藏基准坐标系)

点击"菜单"→"插入"→"组合"→"缝合"命令,弹出缝合对话框,如图10.103所示。

选择目标体,选择工具体,如图10.104所示。

图 10.103 "缝合"对话框

图 10.104 选择对象

按"确定",上下两部分片体缝合生成实体,如图10.105所示。用修剪功能切除一半后,所看到的内部实体材料,如图10.106所示。

图 10.105 缝合

图 10.106 修剪查看内部

10.6　3D 打印零件建模

创建如图 10.107 所示的 3D 实体零件模型。

图 10.107　3dpint 尺寸图

在指定目录下创建一个零件。如：F：\3dpint4\3dpint4. prt。

1）创建下部实体的草图 1

点击工具栏"草图"功能按钮，弹出创建草图对话框，按"确定"，默认选择 *XOY* 平面为草图平面，进入草图环境。创建如图 10.108 的草图图形，标注尺寸和添加约束，点击"完成草图"。

图 10.108 草图 1

2）隐藏刚创建的草图，创建一个新的基准平面

选取 *XOY* 平面绕 X 轴逆时针旋转 45°，创建基准平面，如图 10.109 所示，按"确定"。

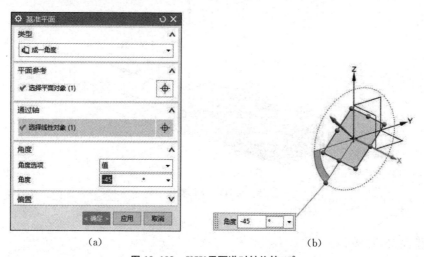

（a） （b）

图 10.109 *XOY* 平面逆时针旋转 45°

在新创建的基准平面中，创建如图 10.110 所示的草图，点击"完成草图"。

图 10.110 草图 2

3）创建下部实体

显示草图 1 和草图 2，视角为等角试图。创建下部实体，如图 10.111 所示。

图 10.111 下部实体

4）隐藏下部实体

隐藏下部实体、草图 1 和草图 2，选取 XOZ 平面，逆时针旋转 45°，如图 10.112 所示，按"确定"，创建的草图。

(a)   (b)

图 10.112 XOZ 平面逆时针旋转 45°

5）选取新创建的基准平面

在工具栏点击"草图"，选取新创建的基准平面，如图 10.113 所示，按"确定"。

(a)   (b)

图 10.113 创建草图 3

创建如图 10.114 所示的草图，点击"完成草图"。

图 10.114 草图 3

　　隐藏刚创建的草图,点击工具栏中的"草图"按钮,选取
YOZ 平面,创建如图 10.115 所示的草图,按"完成草图"。

　　6)完成其余实体部分的创建(显示草图 2、草图
3 和下部实体)

　　拉伸中间的连接部分,拉伸切割底部缺口,再将分立的
实体合并在一起之后拉伸切割 3 个圆孔。

图 10.115　草图 4

(a)

(b)

图 10.116　拉伸中间连接部分

(a)

(b)

图 10.117　拉伸切割底部缺口

生成的实体效果图如图 10.118 所示。

图 10.118 生成的实体效果图

习　题

题图 10.1 草图练习图 1

题图 10.2 草图练习图 2

题图 10.3　草图练习 3

题图 10.4　旋钮草图

题图 10.5　手机外形截面线

题图 10.6 支架 1 草图

题图 10.7 支架 2 草图

题图 10.8 基面截面线草图

题图 10.9 叶轮投影曲线草图

题图 10.10　3D 打印图 1

题图 10.11　3D 打印图 2

题图 10.12 凸台零件图 1

题图 10.13 凸台零件图 2

题图 10.14　铰链零件图

题图 10.15　连接杆零件图

题图 10.16 可乐瓶截面草图

题图 10.17 可乐瓶切割截面草图

题图 10.18 支架零件工程图

题图 10.19 三维建模练习图 1

题图 10.20　三维建模练习图 2

11 二维加工

11.1 UG CAM 加工基本流程

数控加工工艺的常见流程如图 11.1 所示。

图 11.1 CAM 加工常见流程

1) 创建部件模型

UG 部件模型有:零件、毛坯和装配三种形式。零件模型是进行数控编程的基础,用户必须在进入加工模块之前,先在建模环境中完成零件的三维建模。当然,也可以通过格式转换引入其他 CAD 软件创建的三维模型。

创建程序的合理性,关键是在 CAM 的各项操作,特别是"创建工序"中选项、参数设置的正确性、合理性。

刀轨仿真一定要有毛坯:二维加工通常用包容块便利,加工练习还是创建毛坯为好,但三维加工必须创建毛坯。

2) 工艺分析、计算加工参数

根据零件模型,进行工艺分析,制定加工工艺规程,计算切削用量,选择加工方式等等。详细的工艺分析参见第三章的数控加工工艺知识。

3) 设置加工环境

加工环境设置包括 CAM 进程配置和 CAM 设置,选择合适的刀具库、材料库、切削用量库以便于加快编程速度。

4）创建程序组

用于组织多个加工工序和排列各工序在程序组中的顺序，合理地将各工序组成一个程序组。具体的操作对初学者而言，就是设定程序组的名称。对于简单练习而言，该项不操作也可以。

5）创建刀具组（铣削加工）

创建铣削加工中使用的刀具，通常要使用多把刀具。常用的刀具有：平头立铣刀、球头立铣刀、倒圆角的立铣刀等。

6）创建几何体

创建几何体就是在零件上定义要加工的几何对象和设定零件在机床上的方位，包括定义加工坐标系、工件边界和切削的区域等。

7）创建方法

指定加工类型：平面铣还是型腔铣等；子类型：是粗加工还是半精加工或精加工。

8）创建工序

在指定的程序组下，以便于用合适的刀具对已构建的几何体用合理的加工方法，进行加工所进行的各种各样的一系列设定和操作。

9）生成刀轨

刀轨就是该工序的刀具路径轨迹，通过创建工序的各个操作，产生出加工过程的刀具运动轨迹，以便于以后用后处理生成加工程序。

10）刀轨仿真

通过模拟切削过程，验证刀轨的正确性，如有过切、错误可返回创建工序修改。

11）后处理

根据实际加工所用的数控机床的数控代码格式，选择一个合适的后置处理程序，生成适合所用数控机床的 NC 代码。

11.2　UG CAM 加工环境和工作界面

1）加工环境初始化

首先在 UGNX 中构建或打开一个待加工零件，点击"应用模块"→"加工"命令，弹出"加工环境"对话框，如图 11.2 所示。根据对象的不同，选择不同的配置，其中有 CAM 会话配置和要创建的 CAM 设置。

选择 CAM 会话配置和 CAM 设置后，点击"确定"进入 CAM 加工环境。

表 11.1 列出了加工类型所包含的设置和可创建内容。

图 11.2　"加工环境"对话框

表 11.1　CAM 加工环境配置内容

设置	初始设置内容	可以创建内容
mill_planar	MCS、工件等，用于平面粗、精铣的方法	进行二维的钻和平面腔体加工的操作、刀具和组
mill_contour	MCS、工件等，用于曲面粗、精铣的方法	进行钻、平面铣和固定轴轮廓铣的操作、刀具和组
mill_multi_axis	MCS、工件等，用于多轴粗、精铣的方法	进行钻、平面铣和固定轴轮廓铣的操作、刀具和组
drill	MCS、工件等，用于钻加工的方法	进行钻孔操作、刀具和组
hole_making	MCS、工件、若干进行钻孔操作的程序等，以及用于钻孔的方法	钻孔操作、刀具和组，包括优化的程序组，以及特征切削方法几何体组
turning	MCS、工件、程序等	进行车削操作、刀具和组
wire_edm	MCS、工件、程序和线切割方法	用于进行线切割的操作
die_sequences	mill_contour 中的所有内容，以及用于进行冲模加工的若干刀具和方法。工艺助理将引导用户完成创建设置的若干步骤	几何体按照冲模加工的特定加工序列进行分组。工艺助理每次都将引导用户完成创建序列的若干步骤，这可确保系统将所需的选择存储在正确的组中
mold_sequences	mill_contour 中的所有内容，以及用于进行冲模加工的若干刀具和方法。工艺助理将引导用户完成创建设置的若干步骤	几何体按照冲模加工的特定加工序列进行分组。工艺助理每次都将引导用户完成创建序列的若干步骤，这可确保系统将所需的选择存储在正确的组中
probing	MCS、工件、程序和铣削方法	使用此设置来创建探测和一般运动操作、实体工具和探测工具
machining_knowledge	包括一个可使用的基于特征的加工创建的操作子类型、操作子类型的默认程序父项以及默认加工方法的列表	进行钻孔、锪孔、铰、埋头孔加工、沉头孔加工、镗孔、型腔铣、面铣削和攻丝的操作、刀具和组

2）工作界面简介

进入 CAM 加工环境，工作界面上资源条栏中增加了一个 CAM 操作工序导航器，工具栏中增加了"刀片"即 CAM 创建工具条，如图 11.3 所示。

图 11.3　CAM 初始界面

（1）菜单简介

CAM 菜单主要有插入、编辑、格式、分析、首选项等。CAM 操作主要从工具栏的"菜单"→"插入"，进入各操作功能。

（2）工具条

CAM 工具条主要有"刀片"即 CAM 创建功能按钮、"工序导航器"等。其中"刀片"工具条如图 11.4 所示，工序导航器工具条如图 11.5 所示。

图 11.4　刀片工具条

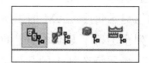

图 11.5　工序导航器工具条

（3）工序导航器

工序导航器包括顺序视图、机床视图、几何体视图和加工方法视图四个部分。在"导航器"工具条上点击"程序顺序视图"功能键，再将光标移动到界面左侧的"操作导航器"功能框的右边界上向右拉开，如图 11.6 中所显示的是工序导航器-机床视图下一个模腔的几个粗、精加工工序，已正常生成刀路。

工序导航器 - 机床							
名称	刀轨	刀具	描述	刀具号	几何体	方法	程序组
GENERIC_MACHINE			Generic Machine				
□ 未用项			mill_contour				
⊟ ▮ T1-D12			Milling Tool-5 Paramet...	0			
♀ ⛏ CAVITY_MILL	✔	T1-D12	CAVITY_MILL	0	WORKPIECE	MILL_ROUGH	PROGRAM
⊟ ▮ T2-D10R5			Milling Tool-5 Paramet...	0			
♀ ⛏ FIXED_CONTOUR_1	✔	T2-D10R5	FIXED_CONTOUR	0	WORKPIECE	MILL_FINISH	PROGRAM
⊟ ▮ T3-D8R4			Milling Tool-5 Paramet...	0			
♀ ⛏ FIXED_CONTOUR_2	✔	T3-D8R4	FIXED_CONTOUR	0	WORKPIECE	MILL_FINISH	PROGRAM
⊟ ▮ T4-D6R3			Milling Tool-5 Paramet...	0			
♀ ⛏ CAVITY_MILL_1	✔	T4-D6R3	CAVITY_MILL	0	WORKPIECE	MILL_ROUGH	PROGRAM
♀ ⛏ FIXED_CONTOUR_3	✔	T4-D6R3	FIXED_CONTOUR	0	WORKPIECE	MILL_FINISH	PROGRAM

图 11.6　工序导航器-机床

图 11.7 中，两个刀路的状态不一样，各个状态标志的意义详细见以下的解释。

工序导航器 - 几何					
名称	刀轨	刀具	几何体	方法	
GEOMETRY					
□ 未用项					
⊟ ⛘ MCS_SPINDLE					
⊟ ⛛ WORKPIECE					
⊟ TURNING_WORKPIECE					
♀ ⛏ ROUGH_TURN_...	✔	T1_OD_55_L	TURNING_W...	LATHE_ROUGH	
♀ ⛏ FINISH_TURN_...		T2_OD_55_L	TURNING_W...	LATHE_FINISH	

图 11.7　工序导航器-几何

说明：

名称栏：列出了程序组的名称和每个程序名下几个 CAM 加工的名称。图 11.7 名称栏的名称没有全部显示出来。

CAM 加工名称前标志：⊘表示刀轨路径还没有正确生成。

⚠表示刀轨路径生成正常。

✔表示刀轨路径已进行后处理。

刀轨栏:⊘ 表示没有正确生成出刀轨。✔表示已生成出刀轨路径。

换刀栏:列出了每个 CAM 加工是否换刀(上图中未显示出来)。

刀轨栏:×表示没有正确生成刀轨;√表示已生成刀轨路径。

刀具栏:显示每个 CAM 加工所用的刀具名称。

刀具号栏:显示每个 CAM 加工所用的刀具的号。

时间栏:列出了每个 CAM 加工的时间。

几何体栏:显示每个加工的几何体名称。

方法栏:显示了每个 CAM 加工的加工方法。

(4) 面向对象的弹出菜单

将光标指针指向"操作导航器"的各个节点或节点下的各种 CAM 加工工序,点击鼠标右键,弹出快捷菜单,如图 11.8 所示,该快捷菜单的大多数命令与工具栏中的命令一一对应。该快捷菜单操作方便,图 11.8 是常用的一个快捷菜单。

图 11.8　面向对象的弹出菜单

11.3　基本操作

介绍 CAM 过程中基本操作部分,对应前节介绍的 CAM 加工基本流程,本节介绍各流程部分的操作。

1) 创建程序组

通常一个零件的加工,需要在不同的机床上,用不同的刀具加工多个程序才能完成,所以需要设定多个程序组名,用多个程序加工。创建程序组就是把多个程序组成程序组,以便操作、分析和刀具路径的管理。

点击工具栏中的"创建程序"快捷功能按钮,弹出创建程序对话框,如图 11.9 所示。

在"类型"下拉列表框中选择新建程序所属的加工类型,

在"位置"下拉列表框中选择新建程序所处的位置。

在"名称"文本框中输入新建程序组的名称。

也可以使用默认名称,不用输入,直接按"确定",以默认名称创建程序组。

图 11.9　"创建程序"对话框

2) 创建刀具

创建各个 CAM 操作中所有的刀具,根据不同的零件形状、零件材料,选择合适的刀具材料和类型,在创建刀具中,设置刀具的形状和尺寸。

点击工具栏中的"创建刀具"快捷菜单按钮,弹出创建刀具对话框,如图 11.10 所示。

在刀具子类型中可以选择创建的刀具类型有:铣刀、球刀、倒圆角刀、锥度模具铣刀、盘铣刀、T 型铣刀、鼓形铣刀等。

按"应用"按钮,弹出"铣刀尺寸参数设定"对话框,如图 11.11 为"铣刀-5 参数"对话框。

图 11.10 "创建刀具"对话框

图 11.11 "刀具参数"对话框

参数设置说明:

(D)直径:刀具的直径。

(R1)下半径:刀尖倒圆角半径。

(B)锥角:刀具侧面与刀具轴线之间的夹角,即锥度模具铣刀的半锥度角。

(A)尖角:刀具底面的顶角。

(L)长度:铣刀的长度。

(FL)刀刃长度:铣刀切削刃的长度,对应于排槽长度。

刀刃:切削刃的个数,通常用 2 刃铣刀,也有 3 刃、4 刃的铣刀。

材料:从刀具材料库中为刀具指定一种刀具材料。

刀具号:刀具在刀具库中的编号。

长度补偿:在机床控制器中,刀具的长度补偿值所在的寄存器编号。

刀具补偿:在机床控制器中,刀具的直径补偿值所在的寄存器编号。

3) 创建几何体

创建几何体就是指定在被加工零件上需要加工的几何对象,以及零件在机床上的方位的过程。包括定义加工坐标系、工件、边界和切削区域等。

点击工具栏的"创建几何体"快捷功能按钮,弹出创建几何体对话框,如图 11.12 所示。

在类型文本框的下拉列表中选择一种加工方式,如 mill_planar 方式。通常不用选择,在加工环境初始化时,已经选择。

如设定坐标系,则在几何体子类型中,点击"MCS"按钮。如设定工件,则在几何体子类型中,点击"WORKPIECE"按钮。

图 11.12 "创建几何体"对话框

在"几何体"下拉列表框中几何体父组:GEOMETRY、MCS、NONE、WORKPIECE 中选择一项。

在"名称"文本框中输入新建几何体名称,或使用默认的名称。

点击"确认"或"应用"按钮,弹出工件对话框,如图 11.13 为几何体类型选择"WORK-PIECE"的工件对话框。

进行指定部件、指定毛坯、指定检查的指定设置。

4) 创建方法

就是创建加工工艺方法,工艺可以分为:粗加工、半精加工、精加工,不同的加工方法有对应不同的走刀路径、加工公差、加工余量、进给量等参数,通常不用设定,在创建工序中设定。

5) 创建工序

完成程序组、几何体、刀具和加工方法的创建后,需要为被加工的零件在指定的程序组中选择合适的刀具和方法。创建工序也就是具体地进行各项详细工艺过程设置。

(1) 点击工具栏中的"创建工序"功能按钮,弹出创建工序对话框,如图 11.14 所示。

图 11.13 "工件"对话框

图 11.14 创建工序

对话框中各项设置的具体操作如下：

① 在类型选项选择一种加工方法，如选择平面铣(mill_planar)类型。

② 在"工序子类型"选项组中选择与面加工要求相适应的操作。

③ 在"程序"下拉列表中选择程序父组，如 PROGRAM。

④ 在"几何体"下拉列表框中选择已建立的几何体，如 MCS 或 WORKPIECE。

⑤ 在"刀具"下拉列表中选择已定义的刀具，如 T1 或 T2 等。

⑥ 在"方法"下拉列表中选择合适的加工方法，粗加工或精加工。

⑦ 在"名称"文本框中为新建操作命名。

单击"应用"，弹出设定的操作模板的对话框，如图 11.15 所示的"平面铣操作"对话框。

图 11.15　"平面铣操作"对话框

（2）几何体组框部分

① 几何体组框中的几何体的文本框下拉列表中可以选择：MCS、NONE、WORK-PIECE。接着的后面两个按钮，可以编辑下拉列表中选择的坐标系和工件，或者新建坐标系和工件。

② 指定部件边界的"选择或编辑部件边界"按钮，用于设定平面铣的边界。点击按钮弹出"创建边界几何体"对话框，如图 11.16 所示。

几何边界的设置模式有 4 种，点击模式右边的文本框下拉列表可以选择其中的曲线或点。当选择"曲线"模式，对话框转换成"部件边界"对话框，如图 11.17 所示。

图 11.16 "边界几何体"对话框

图 11.17 "创建边界"对话框

类型文本框的下拉列表中有：封闭的、开放的两种选择，加工部分是封闭轮廓选择封闭的，加工部分是开放轮廓选择开放的。

平面文本框的下拉列表中有：自动、用户定义两种可选择，通常选择自动。

刀具侧是指边界的一侧即刀具所在的那一侧，也就是刀具切削移动的那一侧。

开放轮廓的刀具侧是指沿加工路径向前看加工的左侧或右侧。

刀具侧文本框的下拉列表中有：内侧、外侧两种可选择。当加工封闭区域的内部时，选取的是腔体的上部边界，刀具侧就是内侧，当腔体中有不同高度的台阶时，选取的是腔体的底面边界时，则刀具侧就是内侧。当加工封闭边界的外部时刀具侧就是外侧。

刀具位置文本框的下拉列表中有：相切、对中两种可选择，通常选相切。

选取一个一个边界······选取完成，按"确定"，按"确定"，回到平面铣对话框。

③ 指定毛坯边界的"选择或编辑毛坯边界"按钮，用于设定毛坯边界，即毛坯上表面的四周边界。

④ 指定检查边界的"选择或编辑检查边界"按钮，用于设定刀具避让的边界。

⑤ 指定修剪边界的"选择或编辑修剪边界"按钮，用于设定修剪刀轨的边界，将边界另一侧的刀轨删除。

⑥ 指定底面的"选择或编辑底平面几何体"按钮，用于指定铣削最深的底面。

（3）刀轨设置组框部分

① 刀轨设置组框方法的文本框下拉列表中，可以选择其中的一种加工方法：粗加工、半精加工或精加工。

② 切削模式的文本框下拉列表中有 8 种切削模式。主要是根据零件形状和具体的加工条件来选择。

• 跟随部件：也称为仿形加工，产生一系列跟随加工零件指定轮廓的刀轨，即刀具路径是根据偏置零件的轮廓得到的。产生的刀具轨迹与零件形状相似，该切削模式不仅偏置外围的轮廓形状，还偏置岛屿、内腔的形状。如图 11.18 所示。

（a）　　　　　　　　　　　　（b）

图 11.18　跟随部件的切削方式

• 跟随周边：偏置零件轮廓得到的刀具路径轨迹。刀具路径类似跟随部件但是有内、外轮廓的情况，只偏置外轮廓的形状。主要用于封闭轮廓的切削区域。如图 11.19 所示。

（a）　　　　　　　　　　　　（b）

图 11.19　跟随周边的切削方式

• 轮廓：产生一系列单一或指定数量的沿着切削轮廓的刀具路径轨迹。主要用于外形的精加工。如图 11.20 所示。

• 标准驱动：严格地按轮廓偏置产生一条或多条刀具路径轨迹，即使轨迹有干涉也不做任何修改。

与轮廓驱动的区别：标准驱动完全按照指定的边界驱动刀具运动，不做任何修改即没有自动边界修剪功能，空间太小会产生过切。轮廓驱动的刀具轨迹之间允许发生相交的路径，空间太小刀具走不进去。

• 摆线：产生一系列类似于摆线形刀具路径轨迹，没有相互交叉路径。该模式能够避免刀具在切削材料时发生过切现象，切削负荷比较均匀，所以一般用于高速铣加工。如图 11.21 所示。

图 11.20　轮廓的切削方式　　　　**图 11.21　摆线切削方式**

• 单向：产生一系列单向的平行线轨迹，回程是快速横越移动。该切削模式特点：刀具轨迹在每一次铣削过程中都有抬刀运动，切削过程中零件受力一致性好，对侧壁面的加工质量好于往复式切削，例如用于薄壁件的加工。但效率比往复式低。如图 11.22 所示。

（a） （b）

图 11.22 单向切削方式

- 往复：产生一系列平行连续的线性往复轨迹，空行程少、效率高。如图 11.23 所示。

（a） （b）

图 11.23 往复切削方式

- 单向轮廓：产生一系列单向平行的线性轨迹，回程是快速横越移动，在两段连续刀轨之间跨越，它的刀轨是切削壁面的刀轨，即顺着壁面切削的，加工质量比单向和往复都好。如图 11.24 所示。

（a） （b）

图 11.24 单向轮廓切削方式

切削模式选用的简单分析：

- 平行线的刀具轨迹有：单向、往复、单向轮廓三种模式。
- 环绕平行轮廓的刀具轨迹有：跟随部件、跟随周边、摆线三种。常用于腔体的粗加工。
- 沿轮廓产生的刀具轨迹精加工有：轮廓、标准驱动两种，常用于精加工。

③ 切削层：粗加工是一层一层切削的，切削层设定的数值就是每层切削的深度。

点击切削层的切削层按钮，弹出"切削层"对话框，如图 11.25 所示。

图 11.25 "切削层"对话框

类型文本框的下拉列表中有五种类型。

- 用户定义:切削层的每层深度、最小一层的深度、岛屿顶面留多少余量等等。

- 仅底面:在深度方向一刀直接加工到底面,即一层加工到尺寸。

- 底面及临界深度:一刀直接加工到顶面深度和底面。

- 临界深度:直接加工到各设定层的深度。岛屿顶面、底面、侧面都可以设定余量。

- 恒定:设定一个恒定的每层切削深度、侧面余量值。

④ 切削参数的切削参数按钮用于一些切削工艺参数的设计。切削参数设定对话框如图 11.26 所示。

（a）　　　　　　　　　　　　　（b）

图 11.26　切削参数对话框中策略和余量的界面

其中设定内容包括(策略、余量、拐角、连接、空间范围、更多):

- 切削方向有:顺铣、逆铣、跟随边界、边界反向。顺铣与逆铣辨别如图 11.27 所示。

（a）顺铣　　　　　　　　　　　（b）逆铣

图 11.27　顺铣与逆铣

- 切削顺序有:层优先、深度优先。如图 11.28 所示。

- 是否添加精加工路径:不添加精加工路径就是本道加工后还留有余量。其中余量设置内容有:部件余量、底面余量,内、外公差等。

（a）层优先　　　　（b）深度优先

图 11.28　层优先与深度优先的区别

- 拐角设置的内容有：绕对象滚动、延伸并修剪及延伸。如图 11.29 所示。

（a）绕对象滚动　（b）延伸并修剪　（c）延伸

图 11.29　拐角的处理

- 刀具进刀路径处理是否光顺：无、所有刀路，即进刀路径的处理：无（直接进刀），所有刀路（所有进刀路径都光顺处理）。

- 安全距离的部件安全距离：设置刀柄与零件轮廓相遇之间，有可能的最小距离。

⑤ 非切削移动

"非切削移动"选项用于指定在切削之前、之后，以及切削中间刀具定位的移动。非切削移动将多个刀轨连接成相连的完整刀轨，进行切削运动之前、之后和之间的刀具定位移动。各段非切削移动的名称及意思见图 11.30 所示。

图 11.30　非切削移动

非切削移动的"非切削移动"按钮，用于非切削的进、退刀等的设置。如图 11.31 所示的螺旋进刀方式。

- 封闭区域的进刀类型有：与开放区域相同、螺旋线、沿形状斜进刀、插削、无。如图 11.32 所示。

图 11.31　非移动切削的螺旋下刀设置

（a）沿着螺旋线从上向下进刀，可设定螺旋线的起点高度、螺旋角、螺旋半径等　（b）沿着形状斜向进刀，可设定高度、斜向角度、最小完全距离、最小斜面长度等　（c）沿-Z方向直接进刀

图 11.32　封闭区域的进刀类型

• 开放区域的进刀类型有：与封闭区域相同、线性、线性-相对于切削、圆弧、点、线性-沿矢量、角度 角度 平面、矢量平面、无。如图 11.33 所示。

（a）线性进刀方式　（b）线性-相当于切削进刀方式　（c）圆弧进刀方式

图 11.33　开放区域的进刀类型

进给率和速度的"进给率和速度"按钮，用于设定进给率和主轴转速。

点击"进给率和速度"按钮，弹出进给率和速度对话框，如图 11.34 所示。

其中有两种设定方法：一是设定表面速度和每齿进给量，即设定两个基本切削要素，系统计算出主轴转速和进给率。另一种是直接设定主轴转速和进给率。对于企业的加工人员可以在进给率展开项中设置得更详细。

以上平面铣的所有设置都设置完成，按"生成"功能按钮，系统计算生成刀具路径。

（4）实体切削仿真

生成刀具路径后，通常要进行实体切削仿真验证刀具路径是否正确，确保没有切削干涉。

操作步骤如下：

点击"确认"按钮（平面铣对话框最下部的功能键），如图 11.35 所示，弹出刀轨可视对话框。

图 11.34　进给率和速度设置

图 11.35　"确认"按钮

如选择 3D 动态仿真，如图 11.36 所示，点击"播放"键，就开始实体切削仿真。

三维切削仿真效果：有没有切除干净或在拐角处残留余量能看出来。

图 11.36　刀轨三维动态可视化操作

（5）后置处理

在操作导航器栏中，把光标放在要进行后置处理的加工操作上，点击鼠标左键，再点击右键，在弹出的下拉菜单（图 11.37）中，点击"后处理"功能按钮，弹出后处理对话框，如图 11.38 所示。选择后处理器、设定输出文件名、设置输出程序的尺寸单位，按"确定"按钮，界面上弹出生成的数控程序，如图 11.39 所示。

图 11.37　面向加工对象下拉菜单　　图 11.38　"后处理设置"对话框　　　　图 11.39　程序列表清单

11.4　平面铣概述

1）平面铣概述

平面铣主要加工二维的平面和型腔,通过指定部件边界（零件要加工的轮廓）、指定底面（加工的最深底面）、指定毛坯边界（加工时所用的毛坯的边界）等对零件进行加工。

平面铣类型在 mill_planar 模块内,它是基于水平切削层上创建刀路轨迹的一种加工类型。有多种子类型,如图 11.40 所示有 13 种方法,按照加工的对象分类有:精铣底面、精铣壁、平面铣、铣轮廓、挖槽等。其中子类型 1—4 是面铣的加工方式。按照切削模式有:往复、单向、轮廓等。子类型列表如表 11.2 所示。

图 11.40　平面铣类型

表 11.2　子类型对照表

排列顺序	名称	说明
5	平面铣	平面加工的基本操作,适用于各种三维切削模式进行平面类工件的粗加工和精加工
6	平面轮廓铣	适用于无须指定几何体、仅使用"轮廓加工"切削模式精加工轮廓
7	清理拐角	适合于使用"跟随部件"切削模式清除以前操作在拐角处余留的材料
8	精加工壁	适合于使用"轮廓加工"切削模式精加工侧壁轮廓,默认情况下,自动在底平面留下余量
9	精加工底面	适合于使用"轮廓加工"切削模式精加工平面,默认情况下,自动在侧壁留下余量
10	槽铣削	铣削零件的侧面槽
11	孔铣	圆孔槽的铣削
12	螺纹铣	适用于（内孔）铣削螺纹
13	平面文本	适用于在平面进行文字加工

2）面铣削概述

面铣削是通过选择面区域来指定加工范围的一种操作,主要用于加工区域为面且表面余量一致的零件。面铣削是二维铣削中比较简单的加工类型。它不需要指定底面,加工深度由设置的余量决定。因为设置深度余量是沿刀轴方向计算,所以加工面必须与刀轴垂直。否则不能生成刀路。

面铣削适用零件特点:面铣削适用于侧壁垂直底面或顶面为面的工件的加工,如型芯和型腔的基准面、台阶面、底面、轮廓外形等。通常粗加工用面铣,精加工也用面铣。

面铣削加工常用于多个底面的精加工,也可以用于粗加工和侧壁的精加工。

3）平面铣与面铣的区别及特点

两者都是 UG NX 提供的基于 2.5～3 轴加工的操作,平面铣通过定义的边界在 XY 平面创建刀位轨迹。面铣是平面铣的特例,它基于平面的边界,在选择了工件几何体的情况下,可以自动防止过切。

（1）平面铣特点如下：

① 基于边界曲线来计算的，所以生成速度快；

② 属于平面二维刀轨。

（2）平面铣与面铣的区别如下：

① 平面铣通过边界和底面的高度差来定义切削；

② 平面铣的毛坯和检查体只能是边界，而面铣可以选择实体、片体或边界；

③ 平面铣必须定义底面，而面铣削不用定义底面，因为选择的平面就是底面。

11.5 操作示例 1

1）打开或构建图 11.41 所示的实体模型

从指定文件夹打开或创建（面铣 1. prt）图形文件，如图 11.41 所示。

2）进入 CAM 功能模块

点击功能菜单的"应用模块"命令，在工具栏中点击"加工"功能按钮。弹出加工环境设置对话框，设置如下：

图 11.41 平面铣示例 1 实体模型

CAM 会话配置选择："cam_general"。

CAM 设置选择："Mill_planar"，按"确定"，进入 CAM 功能模块。

3）创建程序和刀具

（1）点击工具栏的"创建程序"功能按钮，弹出创建程序对话框，设置如下：

类型：mill_planar；位置：程序，PROGRAM；程序名称：P1，如图 11.42 所示，按"应用"，弹出程序对话框，按"确定"，回到创建程序对话框，设置程序名称：P2，按"确定"，按"确定"，退出程序组的创建。已经创建了 P1、P2 两个程序组。

图 11.42 创建程序位置和名称

图 11.43 创建刀具类型和名称

（2）点击工具栏的"创建刀具"功能按钮，弹出创建刀具对话框。设置如图 11.43 所示。刀具子类型选择：MILL，刀具名称设置为：T1。按"确定"功能键。

弹出"铣刀－5 参数"对话框，设置：(D)直径：12。按"确定"，刀具创建完成，退出创建刀具。

（3）点击工具栏的"几何视图"功能按钮，在"工序导航器—几何"栏中，点击"MCS_MILL"前的"＋"号，将光标放在 MCS_MILL 这一行，点击鼠标右键，在弹出的下拉菜单中点击"编辑"，弹出如图 11.44 所示的 MCS 铣削对话框。

点击机床坐标系指定 MCS 的"坐标系对话框"按钮，弹出坐标系对话框，选择如下：参考坐标系的参考为：WCS，如图 11.45 所示，按"确定"，按"确定"。加工坐标系指定完成。

图 11.44　加工坐标系设置

图 11.45　CSYS 坐标设置

4）创建工序

点击工具栏的"刀片"—即 CAM 创建功能工具条中的"创建工序"功能按钮，弹出创建工序对话框。选择如下：

工序子类型：mill_planar；程序：P1；刀具：T1。

几何体：WORKPIECE；方法：MILL_ROUGH。如图 11.46 所示。

图 11.46　创建工序

按"确定",弹出平面铣对话框,如图 11.47 所示,进行一系列的设定和参数设置。

图 11.47 "平面铣"对话框

（1）点击几何体组框的几何体这一行的"编辑"按钮,弹出工件对话框,点击指定部件的"选择或编辑部件几何体"按钮,弹出部件几何体对话框。选择图形绘图区的零件,点击"确定",点击指定毛坯的"选择或编辑毛坯几何体"按钮,弹出毛坯几何体对话框,在图形绘图区选取毛坯,按"确定",按"确定"。

（2）指定部件边界

点击指定边界的"选择或编辑部件边界"按钮,弹出部件边界对话框,如图 11.48 所示。

图 11.48 "部件边界"对话框

设置如下：

边界类型：封闭；刀具侧：内侧；平面：自动。工具栏中的曲线规则选择：相切曲线。

点击将要加工零件的矩形腔的棱边,再点击"添加新集"按钮,点击矩形腔底部的圆形腔棱边,如图 11.49 所示。按"确定",按"确定"。

（3）指定毛坯边界

点击指定毛坯边界的"选择或编辑毛坯边界"按钮,弹出毛坯边界对话框。边界选择方法选择"曲线"；边界类型：封闭；刀具侧：内侧；平面：自动。如图 11.50 所示。

图 11.49 指定部件边界

选择零件上表面的四周轮廓线,如图 11.51 所示。按"确定",按"确定"。几何体定义完成。

图 11.50　"创建边界"对话框

图 11.51　指定毛坯边界

注：该题中指定检查边界、指定修剪边界没有，所以不用指定。

（4）指定底面

点击指定底面的"选择或编辑底平面几何体"按钮，弹出平面对话框，如图 11.52 所示。

选择零件上加工的最深底面（圆腔的底面），如图 11.53 所示，按"确定"。加工底面定义完成。

图 11.52　"刨"对话框

图 11.53　指定加工最深的底面

（5）方法

点击刀轨设置方法的"编辑"按钮，弹出铣削方法对话框，作为操作 CAM 练习，该项可以采用默认值，即默认创建工序中选择的粗加工。

注：该部分的平面铣挖槽加工工序，假定加工后不留余量，即不再进行精加工工序。

（6）切削模式

点击切削模式的文本对话框的下拉列表，选择"跟随周边"的切削模式。

（7）步距、平面直径百分比

该两个设置选项是设置的同一个项目：进给步距。设置如下：

步距：刀具直径百分比（平面直径百分比：50）。

（8）切削层

点击切削层的"切削层"按钮，弹出切削层对话框，如图 11.54 所示，设定每刀切深的公共值为:2,其余设置按默认值。按"确定",切削层设置完成。

图 11.54 "切削层"对话框

(9) 切削参数

点击切削参数的"切削参数"按钮,弹出切削参数对话框(单个腔体可采用略省设置)。

① 策略组框设置

切削方法:顺铣;切削顺序:层优先;在添加精加工刀路前打勾;刀路数:1;精加工步距:5%刀具;合并距离:0;毛坯距离:0;

② 余量组框设置

所有项的余量都设置为 0、内公差为 0.03、外公差为 0.03。

设定后的切削参数对话框如图 11.55 所示,按"确定"。切削参数设置完成。

(a)   (b)

图 11.55 切削参数设置

注:内、外公差根据零件公差、加工条件而定。系统默认粗加工公差 0.08,精加工公差 0.03。其他拐角、连接等选项采用默认值,不设置。

（10）非切削移动

点击"非切削移动"按钮，弹出非切削移动对话框，设定封闭区域的斜坡角度为10°，即螺旋下刀的螺旋角度。其余设置都采用默认值，如图11.56所示，按"确定"。非切削移动设置完成。

（11）进给率和速度

点击进给率和速度的"进给率和速度"按钮，弹出进给率和速度对话框，设定：主轴转速：1200 rpm；进给率的切削速度：300 mmpm。如图11.57所示，按"确定"，S、F设置完成。

图 11.56 非切削移动参数设置

图 11.57 进给率和速度设定

（12）生成刀具路径

点击操作组框的"生成"功能按钮，系统计算、生成出零件加工刀具路径，如图11.58所示，按"确定"，完成平面铣的生成刀路的CAM操作。

图 11.58 腔体的平面铣刀具路径

11.6 操作示例 2

上例是封闭型腔的操作示例，以下介绍示例1实体模型的另一部分开放式区域的加工操作，与上例相同的操作设置就不重复介绍，仅列出不同的设置选项。程序放在P2程序组下，选用的刀具为：直径12的立铣刀。

（1）点击工具栏的"程序顺序视图"按钮，在操作导航器—程序顺序栏，将P1程序组下的PLANAR_MILL刀轨复制到P2程序组下，如图11.59所示。

（2）将光标放在复制的 PLANAR_MILL_COPY刀路上，点击鼠标右键，在弹出的下拉菜单中选择"编辑"，弹出平面铣对话框。

（3）点击指定部件的"选择或编辑部件边界"按

图 11.59 复制刀具路径

钮,弹出"部件边界"对话框。设定:选择方法:曲线;边界类型:封闭;刀具侧:外侧;平面:自动;在列表栏中删除前例中选定的边界曲线。如图 11.60 所示。

选择零件上如图 11.61 所示的边界,从右边向左边选,按"确定",按"确定",再按"确定"。回到平面铣对话框。

图 11.60　编辑边界

下图中指定的零件加工边界提取显示

指定的加工边界

图 11.61　指定加工边界

注:本例开放式边界与上例封闭边界不是同一边界,要重新选。

(4)指定底面

点击指定底面的"选择或编辑底平面几何体"按钮,弹出平面对话框,选择如图 11.62 所示的平面,按"确定"。

(5)切削模式选择

点击切削模式的文本框对话框的下拉列表,选择"跟随部件"。

(6)点击操作组框的"生成"功能按键,系统计算、生成出零件加工刀具路径,如图 11.63 所示,按"确定",完成开放式轮廓的平面铣。

图 11.62　指定底面

图 11.63　生成的开放式轮廓刀具路径

11.7 操作示例 3

1）打开或创建 cam2. prt 图形文件，如图 11.64 所示。

2）进入 CAM 模式

在功能菜单点击"应用模块"，接着在工具栏点击"加工"功能按钮，进入 CAM 模式。

3）创建程序

加工简单操作少，将生成的程序放在 PROGRAM 组下，可以不用创建程序组名。

4）创建刀具

点击工具栏的"创建刀具"功能按钮，弹出创建刀具对话框。设置：刀具子类型：MILL；名称：T1。如图 11.65 所示。

图 11.64 平面铣示例 3 实体模型   图 11.65 刀具类型和名称设置

按"确定"弹出"铣刀-5 参数"对话框，设置：直径：12 。按"确定"。刀具定义完成。

5）创建几何体

（1）创建坐标系

点击工具栏的"几何视图"功能按钮，在"工序导航器-几何"栏，展开加工坐标系（点击 MCS-MILL 前的＋），鼠标左键点击 MCS-MILL，按右键，选择编辑（坐标系），弹出 MCS 铣削对话框，如图 11.66 所示。

点击指定 MCS 的"坐标系对话框"按钮，弹出坐标系对话框。选择：参考：WCS，如图 11.67 所示。按"确定"，按"确定"，加工坐标系定义完成。

图 11.66　机床坐标系设置

图 11.67　CSYS 的参考设置

（2）创建几何体

左键点击 WORKPIECE，接着按右键，选择编辑，弹出工件对话框。

① 指定部件

点击几何体组框的指定部件的"选择或编辑部件的几何体"按钮，弹出部件几何体对话框。选择对象：几何体。用光标点击界面上的加工几何体，按"确定"，回到工件对话框。

② 指定毛坯

点击几何体的指定毛坯的"选择或编辑毛坯几何体"按钮，弹出毛坯几何体对话框。显示毛坯。

类型选择：几何体，选取毛坯，按"确定"，按"确定"，几何体创建完成，隐藏毛坯。

6）创建工序

（1）点击工具栏的"创建工序"功能按钮，弹出创建工序对话框。

设置：操作子类型：PLANAR_MILL；程序：PROGRAM；刀具：T1；几何体：WORKPIECE；方法：MILL_ROUGH；名称：PLANAR_MILL_1。如图 11.68 所示。

按"确定"，弹出平面铣对话框，进行几何组框设置、刀轨设置组框设置操作，如图 11.69 所示。

图 11.68　"创建工序"对话框

图 11.69　"平面铣操作"对话框

（2）几何体组框设置

①定义部件边界：点击指定部件边界的"选择或编辑部件边界"按钮，弹出部件边界对话框。

边界组框的选择方法："面"；刀具侧：外侧；平面：自动。

用鼠标选取第一个加工面（工件的上表面），接着点击"添加新集"按钮，选取零件上的下一个加工表面，接着再点击"添加新集"按钮，再选取零件上的下一个加工表面，……选取零件上要加工的所有表面（即定义完所有的加工表面），如图 11.70 所示，按"确定"，退回到平面铣对话框。

图 11.70　指定加工边界

②定义毛坯边界：（显示毛坯）

点击指定毛坯边界的"选择或编辑毛坯边界"按钮，弹出毛坯边界对话框。

边界组框的选择方法："面"；刀具侧：内侧；平面：自动。

用鼠标选取毛坯上表面，按"确定"，退回到平面铣对话框。

图 11.71　指定底面

③点击指定底面的"选择或编辑底平面几何体"按钮，选取零件加工的最低面（圆腔底面），如图 11.71 所示，按"确定"，退回到平面铣对话框。

（3）刀轨设置组框设置

① 切削方法：粗加工。

② 切削模式：跟随部件。

③ 步距：刀具直径百分比。

④ 平面直径百分比：50。

⑤ 点击切削层的"切削层"按钮,弹出切削层对话框。

设置:

类型:恒定;每刀切削深度的公共:2;临界深度顶面切削前打勾;按"确定",退回到平面铣对话框。

⑥ 点击切削参数的"切削参数"功能按钮,弹出切削参数对话框,设置参数或默认参数,按"确定"。

⑦ 点击非切削参数的"非切削参数"功能按钮,采用默认值,按"确定"。

点击进给率和速度的"进给率和速度"按钮,弹出进给率和速度对话框。设定主轴转速 1200 r/min,进给率 200 mm/min,按"确定"。

图 11.72　平面铣刀具路径

(4) 按操作的"生成"功能键,系统计算生成零件加工刀具路径,如图 11.72 所示,按"确定",完成开放式型腔的平面铣。

12 三维加工

12.1 概述

UGCAM 加工中二维加工统常称为平面铣削，而三维加工统常称为轮廓铣削。UG 的轮廓铣削是 UGCAM 加工的主要功能部分。UG 的三维加工一般粗分为粗加工和精加工两部分，细分粗加工可分为初次粗加工（型腔铣）和二次粗加工（剩余铣、拐角粗加工、深度轮廓加工等），精加工细分可分为初次精加工（固定轮廓铣、轮廓区域铣）和二次精加工（多种清根铣削、非陡峭轮廓铣削、陡峭轮廓铣削等）。轮廓铣就是 UGCAM 加工中三维加工的称谓。

轮廓铣主要用于加工型腔的轮廓或区域，根据型腔形状，粗加工被切除部位在深度方向上分成多个切削层进行切削，每层切削深度可以不同。切削时的刀轴与切削层平面垂直。型腔铣以边界、面、曲线和实体定义要切削的材料（底面和侧面可以是斜面也可以是曲面）。

固定轮廓铣（区域轮廓铣）用于曲面的半精加工和精加工。该方法将空间上的几何轮廓投影到零件表面上，驱动刀具以固定轴形式加工曲面，具有多种切削形式和进退刀控制，有螺旋线切削、放射状切削和清根切削。

就加工工艺而言，复杂零件和模具零件的加工工艺一般为：毛坯准备→粗加工→半精加工→精加工→钳工抛光，在高速铣上采用高速铣削或者是由 3D 打印而成的毛坯，方式就不需要钳工抛光工序。毛坯准备有铸、锻、锯，粗加工由普通铣床的铣削工序来完成，而半精加工是在粗加工之后进行一些大的残余量的切除、一些次要表面：如光孔、键槽、螺孔等的加工。

三维加工的粗、精加工方式类似于二维加工，粗加工用于解决切除零件上大部分余量，要求留给精加工一个合适、均匀的余量，粗加工采用分层切削的方式，根据零件形状的不同，分层的深度可以设定成不同的值，一层一层地切除材料；而精加工的目的就是切出符合零件图纸工序要求的轮廓形状、尺寸精度，精加工刀具沿工件表面走刀切削。各种不同的粗、精加工方法，应根据零件形状合理地选择，才能生成高质量的加工程序，高效地加工出优质零件。

前章介绍的平面铣用于切削二维型腔轮廓，型腔底面水平、侧面垂直底面。本章介绍的轮廓铣是加工三维的型腔轮廓，底面和侧面都可以是斜面和曲面。刀轴可以不垂直底面，但是刀轴是垂直切削层的。

轮廓铣中的型腔铣用于粗加工、而平面铣可以用于粗加工，也可以用于精加工。

轮廓铣操作可以通过任何几何对象，包括体、曲面区域和面等来定义加工几何体。而平面铣只能通过边界来定义加工几何体，边界可以是曲线、点、平面上的边界。

轮廓铣操作通过部件几何体和毛坯几何体来确定切深，不需要指定部件底面。而平面铣是通过部件边界和选择底面来确定切削范围和深度的。

轮廓铣操作与平面铣操作比较而言,主要创建步骤基本相同,但都是刀轴垂直切削层一层一层切除零件余量的。而且刀轴轨迹的生成方法和验证方法基本相同。

1)粗加工铣削类型概述

(1) UG 轮廓铣

UG 粗加工包含型腔铣、自适应铣削、插铣、拐角粗加工、剩余铣、深度轮廓加工、深度加工拐角,都在 mill_contour 的轮廓铣模板中。如图 12.1 所示。

图 12.1　轮廓铣类型

型腔铣用于粗加工,插削用于深壁粗加工或精加工,拐角粗加工主要用于半精加工,后面 3 种铣削类型主要用于半精加工或精加工。简要说明见表 12.1 所示。

表 12.1　粗加工铣削的类型和说明

图标	名称	说明
	型腔铣	该铣削类型为型腔体类零件加工的基本操作,可使用所有切削模式来切除由毛坯几何体、IPW 和部件几何体所构成的材料量
	自适应铣削	在垂直于固定轴的平面切削层适应自适应切削模式对一定量的材料进行粗加工的同时维持进刀一致。建议用于需要考虑延长刀具和机床寿命的告诉加工
	插铣	该切削类型是 Z 向进给切削适用于高速铣削的粗加工。加工凹腔时,先用螺旋下刀的方式铣出一个圆腔,然后插铣
	拐角粗加工	该切削类型用于由于前道工序刀具直径大或步距大留下的过大的不均匀余量(二次粗加工)。将前道粗加工工序中使用的刀具指定为"参考刀具"
	剩余铣	该切削模式清除前道粗加工在拐角或圆角过渡处留下的不均匀残余材料(二次粗加工)。切削区域基于层的 IPW 定义
	深度轮廓加工	该切削类型沿着轮廓走刀切削,在相同的高度上一圈一圈地走刀(二次粗加工)。一般用于半精加工和精加工轮廓形状,如凹模等
	深度加工拐角	该切削类型适用于切除轮廓拐角处由于前道加工刀具直径较大,留下的较大的不均匀余量(二次粗加工),在凹部和拐角部位加工

①型腔铣是轮廓铣类型中最常用、最基本的粗加工铣削方式,参见之后的多个实例。

②插铣加工说明:插铣模式,在传统的切削方式中插铣由于铣刀端面刀刃后角小,排屑不顺畅,Z 向进给速度较低,效率较低,很少使用,在现代的高速切削方式下转速很高,即使每转进给很小进给率也达到很高。

插铣加工通常用螺旋下刀或斜坡下刀方式将腔体先铣出一个空腔,再用插铣方式加工。

插铣加工的优点:刀具径向受力小,主要受轴向力,即刀具在切削过程中受力性能好。同时由于在高速切削方式下,加工效率高。

插铣加工主要用于粗加工,插铣精加工用于插铣模具拔模斜度的陡壁。插铣加工示例如图 12.2 所示。

图 12.2　插铣加工图例

③ 拐角粗加工方式说明：清理拐角或圆角处留下的不均匀残余材料，是通用的二次粗加工方法。图 12.4 是型腔铣粗加工效果图，所用刀具为 $\Phi10$ 的平头刀，切削模式跟随部件，由于所用刀具半径比图 12.3 所示零件的凹腔圆角半径大，凹腔部位留有残余量，所以粗加工后采用拐角粗加工（通用的二次粗加工），所用刀具为 $\Phi4$ 的球头刀，如图 12.5 所示。拐角粗加工的切除量相对于其他几种二次粗加工是比较大的。

图 12.3　零件模型

图 12.4　型腔铣粗加工效果图

图 12.5　拐角粗加工效果图

型腔铣之后的加工效果

剩余铣之后的加工效果

图 12.6　剩余铣加工效果

④ 剩余铣切除前道工序（如型腔铣）

由于步距大所留下的残余量，部件和毛坯几何体必须定义于 WORKPIECE 父级对象，切削区域由基于层的 IPW 定义。即该道工序的毛坯是前道工序切削后的 IPW，切除的是上道工序留下的残余台阶量。如图 12.6 所示。

图 12.7　深度轮廓加工刀具路径示例

⑤ 深度轮廓加工

刀具逐层切削材料的一种加工类型，以给定进给步距，在曲面相同的高度上走一圈，还可以清除各层之间缝隙中遗留的材料。它适合用于零件陡壁的精加工，类似于 Mastercam 中的等高路径的粗加工方式。切削图例见图 12.7 所示。

⑥ 深度加工拐角

在轮廓较小的拐角处，粗加工考虑到切削效率，所选用的刀具半径比拐角处的圆角半径大，在拐角处残留有比设定余量大的残留量，用深度加工拐角功能切除该部分余量。图 12.8 是凹腔型腔铣粗加工效果图，图 12.9 是凹腔深度加工拐角刀具路径和切削效果。即清除拐角一层一层切削，每层仅切一刀。

图 12.8 凹腔型腔铣粗加工效果图

图 12.9 凹腔深度加工拐角刀具路径和切削效果

⑦ 切削层设置用法

当加工一个饭盒的腔体时,饭盒总深 19 mm,主体部分到深度 16 mm 设定每刀切深 3 mm,底部圆角部分打算分成每刀切深 1 mm。如图 12.10 所示。

在任一种铣削模式中,点击切削层的"切削层"按钮,弹出切削层对话框。

范围类型:用户定义;切削层:恒定;每刀切削深度:恒定;最大距离设定为:3;范围 1 的顶部的 ZC:0。如图 12.11 所示。

图 12.10 切削层设定要求

图 12.11 切削层对话框及加工对象示意

范围定义组框的设置(展开列表):

a. 第一步设定:范围深度:16;测量开始位置:顶层;每刀的深度:3;如图 12.12 所示。

b. 点击添加新集的"添加新集"按钮,如图 12.13 所示。

c. 将范围深度 16 改为 19,将每刀深度 3 改为 1,如图 12.14 所示。

图 12.12　范围定义第一步设定

图 12.13　添加新集第一步

（a）

（b）

图 12.14　修改深度和每刀深度

d. 按"确定"，设定完成。退出切削层设置。

2）精加工铣削类型（固定轮廓铣）概述

(1) 固定轮廓铣用于由轮廓曲面形成的区域的加工，并允许通过精确控制和投影矢量，以及刀具沿着复杂的曲面轮廓运动。

固定轮廓铣的特点是:刀轴固定,具有多种切削形式和进退刀控制,可投射空间点、曲线、曲面和边界等驱动几何进行加工,可做螺旋线切削、射线切削以及清根切削。

在固定轮廓铣中,刀轴与指定的方向始终保持平行,即刀轴固定。固定轮廓铣将空间驱动几何投射到零件表面上,驱动刀具以固定轴形式加工曲面轮廓;主要用于曲面的半精加工、精加工。

固定轮廓铣子类型包括固定轮廓铣、区域轮廓铣、曲面区域轮廓铣、流线、非陡峭区域轮廓和陡峭区域轮廓铣。如图 12.15 所示的工序子类型中的第二行及以下子类型。

图 12.15　固定轴铣削类型

固定轴铣削的各子类型的应用范围的简略说明如表 12.2 所示。

表 12.2　固定轴铣削的分类

图标	名称	说明
	固定轮廓铣	用于各种驱动方法、空间范围和切削模式对部件或切削区域进行轮廓铣。刀轴 Z 轴。常用于精加工轮廓形状
	区域轮廓铣	区域铣削驱动,用于以各种切削模式切削选定的面或切削区域。常用于半精加工和精加工。建议精加工特定区域或局部精加工
	曲面区域轮廓铣	指定部件几何体,编辑驱动方法以指定切削方式,并在矩形栅格中按行选择面以定义驱动体
	流线	使用流曲线和交叉曲线来引导切削的模式,并遵照驱动的几何体形状的固定轴曲面轮廓铣工序
	非陡峭区域轮廓铣	与轮廓区域铣相同,但只切削非陡峭区域,常与深度加工轮廓结合使用,在精加工某一切削区域前控制残余高度(二次精加工)
	陡峭区域轮廓铣	区域铣削驱动,根据切削方向,仅用于切削陡峭度大于特定陡角的陡峭区域,走刀路径等同于固定轴曲面轮廓铣工序,通过与前一次往复切削成十字交叉方式来减小残余高度(二次精加工)
	单刀路清根	用于对零件根部刀具未能加工到的部分进行铣削加工,单条路径(二次精加工)
	多刀路清根	用于对零件拐角和凹部,刀具未能加工到的部分进行铣削加工,多条刀具路径(二次精加工)
	清根参考刀具	用于对零件根部刀具未能加工到的部分进行铣削加工,以参考刀具作为参照来生成清根刀具路径(二次精加工)
	实体轮廓 3D	沿着选定竖直壁的轮廓边走刀切削,与参考刀具清根相同,只是平稳进刀、退刀和移刀。多用于高速加工轮廓而非区域
	轮廓 3D	三维轮廓铣切削类型,其深度取决于边界中的边或曲线,常用于修边,建议用于线框 3D 轮廓的加工
	轮廓文本	简单文本的加工,用于三维雕刻

(2) 固定轮廓铣是 UG 三维加工中最基本的精加工方式,刀具在指定的区域沿着曲面走刀切削,驱动方法有:边界、区域铣削、清根、文本等。

驱动方法组框选项中,有多种方法,选项展开见图 12.16 所示。如选用"区域铣削",则几何体组框选项中必须指定切削区域,即用面选取切削区域。

当驱动方法组框选项中,方法选用"边界",如图 12.17 所示。则必须点击之后的"编辑"按钮,弹出"边界"驱动对话框,如图 12.18 所示。

图 12.16 定义切削区域边界　　图 12.17 驱动方法选用边界　　图 12.18 选择或编辑驱动几何体

点击指定驱动几何体的"选择或编辑驱动几何体"按钮,弹出"边界几何体"对话框,用"曲线、边"定义切削区域的边界。如图 12.18 所示。

完成固定轮廓铣的所有操作,生成的精加工刀具路径就在以上设定的边界范围以内。

固定轮廓铣的各步骤的详细操作参见之后的多个实例。

(3) 区域轮廓铣与固定轮廓铣的菜单和操作基本相同,主要用于局部区域铣削。

(4) 在三维曲面精加工中,曲面中有局部比较平坦的地方,用指定非陡峭区域轮廓的方法进行二次精加工。前面的图 12.15 轮廓粗加工后,侧面余量较均匀,底面较平坦区域余量均匀性不好,如图 12.19(a) 所示,在最后精加工之前可以用非陡峭区域轮廓铣对底部指定角度(0°~25°)的非陡峭区域进行一次切削。切削效果如图 12.19 所示,(a)图是非陡峭切削的刀具路径,(b)图是非陡峭切削的加工效果。

(a)　　　　　　　　　　(b)

图 12.19 轮廓区域非陡峭切削

(5) 在三维曲面精加工中,曲面中有局部陡峭的地方,在指定方向、指定的陡峭角度区域用陡峭切削的方法进行二次精加工。图 12.20 是陡峭角 70°~90°、与 X 轴成 90°方向,用陡峭区域轮廓铣的加工方式生成的刀具路径。

(6) 单路径、多路径、参考刀具清根的切削方式都是在曲面精加工之后,在曲面相交面的交线处或相交的小圆角部位,用更小的刀具清除其局部残余量。如图 12.21 所示。

图 12.20　轮廓区域方向陡峭切削的刀具路径　　　　**图 12.21　多路径清根的刀具路径**

12.2　饭盒加工举例

1) 进入型腔铣加工环境

（1）打开已创建的饭盒模型如图 12.22 所示。

（2）点击命令菜单的"应用模块"命令，在工具栏点击"加工"功能按钮，进入加工功能模块。在工具栏中弹出"刀片"（创建）工具条。左侧资源栏相邻位置出现工序导航器栏。

图 12.22　饭盒模型

2) 创建程序组（创建 P1、P2 两个程序组）

（1）点击工具栏的"导航器"工具条的"程序顺序视图"功能按钮。导航器栏显示工序导航器—程序顺序。

（2）点击工具栏的"刀片"工具条的"创建程序"功能按钮，弹出创建程序对话框。如图 12.23 所示。

对话框内容设置：类型：mill_contour；程序（位置）：PROGRAM；名称：P1。

按"应用"，按"确定"。退回创建程序对话框。

对话框内容设置：名称：P2（其他项不设置）。按"确定"，按"确定"。退出创建程序组。

3) 创建刀具（创建 ϕ12 平头刀和 ϕ12 球头刀）

（1）点击工具栏导航器工具条的"机床视图"功能按钮。

（2）点击工具栏"刀片"工具条的"创建刀具"功能按钮，弹出创建刀具对话框，如图 12.24 所示。

设置：类型：mill_contour；刀具子类型：Mill；刀具（位置）：GENERIC_MACHIN；名称：T1。按"应用"，弹出"铣刀-5 参数"对话框，界面略。设定：（D）直径：12；其余参数都按默认值，不进行设定。

按"确定"，退回到创建刀具对话框（再设定另一把球头铣刀）。

设置：名称：T2；其他设置默认。按"确定"，弹出"铣刀-5 参数"对话框。

设置：（D）直径：12；（R1）下半径：6；其余参数都按默认值。

按"确定"，完成刀具创建，退回"创建刀具"对话框。

图 12.23　"创建程序"对话框

图 12.24　"创建刀具"对话框

4）创建几何体

点击工具栏导航器工具条的"几何体"功能按钮。

右键点击 WORKPIECE，在弹出的下拉菜单中，点击"编辑"，弹出"工件"对话框。

点击指定几何体的"选择或编辑部件几何体"按钮，弹出部件几何体对话框，点击界面上的饭盒模型，按"确定"。

点击指定毛坯的"选择或编辑毛坯几何体"按钮，弹出"毛坯几何体"对话框。

选择：类型：包容块，按"确定"，按"确定"。创建几何体操作结束。

注：从工序导航器—几何栏可以看出已经自动生成合适的加工坐标系。三维加工通常要创建毛坯。

5）创建工序（粗加工工序）

（1）点击工具栏的"创建工序"功能按钮，弹出创建工序对话框，如图 12.25 所示。

（2）设置如下：

类型：mill_contour ；工序子类型：型腔铣；程序（组名）：P1；刀具：T1；

几何体：WORKPIECE；方法：MILL_ROUGH；名称：CAVITY_MILL。

按"应用"，弹出"型腔铣"对话框。如图 12.26（a）所示。

图 12.25　"创建工序"对话框

(a)   (b)

图 12.26　型腔铣对话框和饭盒粗刀具路径

(3) 几何体组框的选项设定：

① 点击指定切削区域的"选择或编辑切削区域几何体"按钮，弹出切削区域对话框（工具栏的面规则，选择：相切面）。

② 用光标点击饭盒内侧的某一个面（选取整个内侧面），点击切削区域对话框的"确定"，退回型腔铣对话框。

(4) 刀轨设置组框的设定

方法：MILL_ROUGH；切削模式：跟随部件；平面直径百分比（步距）：75；每刀公共深度：恒定；距离：4；切削层：不设定，按每刀公共深度 4；切削参数：默认值；非切削参数：默认值；

点击进给率和速度的"进给率和速度"按钮，弹出进给率和速度对话框，设定主轴转速 1200 r/min，进给率 200 mm/min，其余默认值。按"确定"，结束进给率和速度设置，退回"型腔铣"对话框。

(5) 点击操作组框的"生成"功能按钮，系统计算、生成饭盒模腔粗加工的刀具路径，如图 12.26(b)所示。按"确定"，完成 P1 程序组刀具路径的生成，退回创建工序对话框。

6) 创建工序(精加工程序)

(1) 创建工序对话框,如图 12.27 所示。

(2) 设置如下:

类型:mill_contour;操作子类型:固定轮廓铣;程序:P2;刀具:T2。

几何体:WORKPIECE;名称:FIXED_CON-TOUR。如图 12.27 所示。

按"确定",弹出轮廓区域对话框,如图 12.28 所示。

(3) 固定轮廓铣加工设置如下:

几何体组框的设置:

点击指定切削区域的"选择或编辑切削区域几何体"按钮,弹出切削区域对话框(工具栏的面规则,选择:相切面)。

用光标点击饭盒内侧的某一个面(选取整个内侧面)。点击切削区域对话框的"确定",返回固定轮廓铣对话框。

图 12.27 "创建工序"对话框

图 12.28　固定轮廓铣曲面精加工

(4) 驱动方法组框的设置:方法:区域铣削。

点击驱动方法组框的方法的"编辑"按钮,弹出区域铣削驱动方法对话框。如图 12.29 所示。

设置如下:

陡峭空间范围组框的方法:无;

驱动设置组框设置:切削模式:往复;切削方向:顺铣;步距:恒定;距离:0.6(图例用为 3,

为了在后面的图 12.30 中看清楚刀路);步距已应用:在平面上;剖切角:指定,与 XC 的角度:40。按"确定",退出区域铣驱动方法设定。

注:如果设定,步距已应用:在部件上,则刀具路径在曲面上间距是一致的。当曲面不是很平坦的情况下,步距一致选在部件上,残余量大小一致性好。

(5)刀轨设置组框的设置:

① 方法:MILL_FINISH;

② 点击切削参数的"切削参数"按钮,弹出切削参数对话框,其中可选切削方向:逆铣或顺铣;切削走刀角度(与 XC 的夹角)等,不进行设置,该项按默认值,按"确定",退出切削参数设置。

③ 点击非切削移动的"非切削移动"按钮,弹出非切削移动对话框。首先选择"进刀"界面,在开放区域组框的设置:

图 12.29 "区域铣削驱动方法"对话框

进刀类型:顺时针螺旋;进刀位置:距离;高度:200(％刀具);直径:90(％刀具);倾斜角度:10(默认值 15);

初始组框的进刀类型:与开放区域相同,其他界面按默认值,不进行设置。

按"确定",退回固定轮廓铣对话框。

(6)点击进给率和速度的"进给率和速度"按钮,弹出进给率和速度对话框。

设定主轴转速:1500 rpm(其余默认值)。按"确定",退回固定轮廓铣对话框。

(7)点击操作组框的"生成"功能按钮,系统计算生成饭盒模腔的精加工刀具路径,如图 12.30(b)所示。

(8)按"确定",退出饭盒的粗、精加工工序的创建。

(9)点击"文件"→"保存"功能键,保存生成的饭盒粗、精加工刀具路径。

(a)

(b)

图 12.30 固定轴轮廓铣对话框和饭盒的精加工刀具路径

12.3　旋钮加工举例

图 12.31　旋钮模型

（1）打开已创建的旋钮模型"旋钮.prt"，如图 12.31 所示。

（2）点击命令菜单的"应用模块"命令，在工具栏点击"加工"功能按钮，进入加工功能模块。

（3）创建程序组（创建 P10、P20 两个程序组）

① 点击工具栏的"程序顺序视图"功能按钮，导航器栏为工序导航器—程序顺序。

② 点击工具栏的"刀片"工具条的"创建程序"功能按钮，弹出创建程序对话框。

对话框内容如下：类型：mill_contour；程序位置：PROGRAM；名称：P10。如图 12.32 所示。

按"应用"，按"确定"，退回创建程序对话框。

设置如下：类型、程序（位置）不变；名称：P20。按"确定"，按"确定"。退出创建程序组。

（4）创建刀具（创建一把 ϕ16 平头刀，粗、精加工都用这把刀）

① 点击工具栏的"导航器"工具条的"机床视图"功能按钮。

② 点击工具栏的"刀片"工具条的"创建刀具"功能按钮，弹出创建刀具对话框，设置如下：

类型：mill_contour；刀具子类型：MILL；刀具（位置）：GENERIC_MACHIN；名称：T10。如图 12.33 所示。

图 12.32　"创建程序"对话框

图 12.33　"创建刀具"对话框

按"确定"，弹出"铣刀—5 参数"对话框。

设定：(D)直径：16；其余参数都按默认值。按"确定"，退出创建刀具对话框。

（5）创建几何体

① 点击工具栏的"导航器"工具条的"几何视图"功能按钮。

② 左键点击 MCS_MILL，再按右键，在弹出的下拉菜单中点击"编辑"，弹出"MCS 铣削"对话框，如图 12.34 所示。

点击机床坐标系的设定 MCS 的"坐标系对话框"按钮，弹出坐标系对话框。

设置：类型：动态；参考：WCS。如图 12.35 所示。

按"确定"，按"确定"，退出加工坐标系设置。

③ 左键点击 WORKPIECE，再按右键，在弹出的下拉菜单中，点击"编辑"，弹出"工件"对话框，如图 12.36 所示。

图 12.34　"MCS 铣削"对话框

图 12.35　"坐标系"对话框

图 12.36　"工件"对话框

点击指定部件的"选择或编辑部件几何体"功能按钮，弹出部件几何体对话框，如图 12.37 所示。

用鼠标选取图形界面的旋钮几何体。按"确定"，退回工件对话框。

点击设定毛坯的"选择和编辑毛坯几何体"功能按钮，弹出毛坯几何体对话框（显示毛坯）。点击显示的透明体毛坯，按"确定"，退回工件对话框，按"确定"，工件定义完成。隐藏毛坯。

（6）创建方法

本例加工工序较简单，创建方法可以不设置。

（7）创建工序（创建粗加工和精加工二道工序）

① 首先创建粗加工程序：

点击工具栏的"刀片"工具条的"创建工序"功能按钮，弹出创建工序对话框，如图 12.38 所示。

图 12.37 "部件几何体"对话框

图 12.38 "创建工序"对话框

设置如下：

类型：mill_contour；工序子类型：型腔铣；程序：P10；刀具：T10；几何体：WORKPIEC

方法：MILL_ROUGH；名称：CAVITY_MILL。

点击"应用"，弹出型腔铣对话框，如图 12.39 所示。

图 12.39 "型腔铣粗加工"对话框

设置如下：

几何体框组的几何体、指定部件、指定毛坯、指定检查体在本例中已指定或不需要指定，不需要操作。

② 点击指定切削区域的"选择或编辑切削区域几何体"功能按钮,弹出切削区域对话框。

设置:选择方法:面。将工具栏的面规则,设置为:相切面。

选取旋钮上表面的一个面(与其相切的面都会被选取),在没有被选取的部分,再选取一个一个面,则旋钮的上表面都会被选取,如图 12.40 所示,按"确定",退回型腔铣对话框。

图 12.40　选取切削区域

③ 刀轨设置组框部分的设置

方法:MILL_ROUGH;切削模式:跟随部件;步距:刀具平直百分比;平面直径百分比:50;每刀公共切深:恒定;距离:3(mm)。

④ 切削层:设定略,每层为 3。

⑤ 点击切削参数的"切削参数"功能按钮,弹出切削参数对话框,在余量组框设定:使用"底面和侧面余量一致";部件侧余量 0.5。其余都按默认值(工程中根据实际情况要进行选择)。按"确定",退回型腔铣对话框。

⑥ 点击非切削移动的"非切削移动"功能按钮,弹出非切削移动对话框。

设置:进刀界面的:斜坡角度:10,其他参数采用默认值。按"确定",退回型腔铣对话框。

⑦ 点击进给率和速度的"进给率和速度"功能按钮,弹出进给率和速度对话框。

设置:主轴转速:700 rpm;切削(进给率):200 mmpm。按"确定",退回型腔铣对话框。

⑧ 点击操作组框的"生成"功能按钮,系统计算生成出旋钮的粗加工刀具路径,如图 12.41 所示。

图 12.41　旋钮的粗加工刀具路径

图 12.42　"创建工序"对话框

按"确定"退出型腔铣对话框。

⑨ 创建精加工程序

对话框设置如下：

类型：mill_contour；工序子类型：区域轮廓铣；程序：P20；刀具：T10；几何体：WORK-PIECE；方法：MILL_FINISH；名称：FIXED_CONTOUR。如图 12.42 所示。

⑩ 按"确定"，弹出区域轮廓铣对话框。如图 12.43 所示。

设置如下：指定切削区域（方法与粗加工相同）。

⑪ 点击指定切削区域的"选择或编辑区域几何体"功能按钮，弹出切削区域对话框。

设置选择方法：面。将工具栏的面规则，设置为：相切面。

选取旋钮的整个上表面，按"确定"，退回固定轮廓铣对话框。

⑫ 驱动方法组框的方法修改为区域铣削，点击驱动方法组框的方法的"编辑"功能按钮，弹出区域铣削驱动方法对话框，如图 12.44 所示。设置如下：

方法（陡峭空间范围）：无；非陡峭切削模式：径向单向轮廓；阵列中心：自动；刀路方向：向内；切削方向：顺铣；步距：角度；度数：2。其余按默认。按"确定"，退回固定轮廓铣对话框。

图 12.43　"区域轮廓铣"对话框

⑬ 刀轨设置组框设置：

方法：MILL_FINISH

⑭ 切削参数：采用默认值。

⑮ 非切削参数：采用默认值。

⑯ 点击进给率和速度的"进给率和速度"功能按钮，弹出进给率和速度对话框。

设置：主轴转速：800 rpm；切削（进给率）：200 mmpm。

按"确定"退回固定轮廓对话框。

⑰ 点击操作组框的"生成"功能按钮，系统计算生成旋钮的精加工刀具路径，如图 12.45 所示。

按"确定"，保存精加工刀具路径，退出程序创建操作。

⑱ 右击 WORKPIECE，在弹出的下拉菜单中，点击刀轨，在展开的菜单中点击"确认"。弹出刀轨可视化对话框，

图 12.44　"区域铣削驱动方法"对话框

点击"2D 动态"按钮,再点击"播放"按钮,确认结果如图 12.46 所示,刀具路径正确。

图 12.45　旋钮的精加工刀具路径　　　　　　　图 12.46　刀路确认结果

12.4　波轮模具的模芯加工举例

（1）打开波轮模具的模芯零件（bolun_core_006.prt）,如图 12.47 所示。

加工工艺分析:

已知条件设定:零件材料为 45 号钢调质,硬度 230 IID,选用硬质合金涂层材料的刀具。根据刀具资料采用某一国产品牌刀具,查表进行估算得到允许的切削速度为 80 米/分。通常模具零件加工的进给率取:粗加工 0.3 毫米/齿,精加工 0.1 毫米/齿。每齿进给量的选取应考虑到当刀具直径较小时,刀具的刚性会变地较差,即在选用小直径的刀具时,随着刀具直径的变小,每齿进给量的取值要相应变小。

参考工序如下:

序号	工序名称	刀具	工序内容	加工方式	工序余量	S(转/分) F(毫米/分)
1	粗加工	Φ16 平头刀	加工四周平面	平面铣	0	$S1600$　$F1000$
2	粗加工	Φ12 平头刀	叶轮面粗铣	型腔铣	1	$S2100$　$F1000$
3	二次粗加工	Φ12 球头刀	叶轮面二次粗加工	剩余铣	0.4	$S3000$　$F900$
4	精加工	Φ8 球头刀	叶轮面精加工	固定轮廓铣	0	$S4000$　$F800$
5	清根	Φ5 球头刀	小圆角清根	清根铣	0	$S5000$　$F750$

工序切削用量的计算:数控加工切削用量选择原则:一般机械零件的加工优先采用大的切削深度,其次考虑大的进给量,最后才选择合理的切削速度。而现代数控机床加工模具的模腔通常采用小切深,高转速(即高切削速度)、快走刀。本例中选取每层切削深度为 0.8 mm。

① $\phi16$ 平头刀切削用量计算(粗加工 f 取 0.6 mm/r)

$S=1\,000\times V/(\pi\times D)=1\,000\times 80/(\pi\times 16)\approx 1592$,取 $S=1\,600$ r/min

$F=S\times f=1600\times 0.6=960$,取 $F=1\,000$ mm/min

② $\phi12$ 平头刀切削用量计算(粗加工 f 取 0.5 mm/r)

$S=1\,000\times V/(\pi\times D)=1\,000\times 80/(\pi\times 12)\approx 2\,100$,取 $S=2\,100$ r/min

$F=S\times f=2\,100\times 0.5=1\,050$,取 $F=1\,000$ mm/min

③ ϕ12 球头刀切削用量计算(D_e 取 8,半精加工 f 取 0.3 mm/r)

$S=1\,000 \times V/(\pi \times D_e)=1\,000 \times 80/(\pi \times 8) \approx 3\,184$,取 $S=3\,000$ r/min

$F=S \times f=3\,000 \times 0.3=600$,取 $F=900$ mm/min

④ ϕ8 球头刀切削用量计算(D_e 取 6,精加工 f 取 0.2 毫米/转)

$S=1\,000 \times V/(\pi \times D_e)=1\,000 \times 80/(\pi \times 6) \approx 4\,240$,取 $S=4\,000$ r/min

$F=S \times f=4\,000 \times 0.2=800$,取 $F=800$ mm/min

⑤ ϕ5 平头刀切削用量计算(二次精加工 f 取 0.16 mm/r)

$S=1\,000 \times V/(\pi \times D)=1\,000 \times 80/(\pi \times 5) \approx 5\,093$,取 $S=5\,000$ r/min

$F=S \times f=5\,000 \times 0.16=800$,取 $F=800$ mm/min

加工辅助准备:在 XOY 平面中创建了一个 ϕ309 圆作为平面铣的边界(曲面与平面的交界边缘),创建 370×370×77 的毛坯(隐藏后),保存图形,如图 12.48 所示。

图 12.47 波轮模具的模芯

图 12.48 创建的平面铣边界

点击"应用模块"→"加工"命令,弹出加工环境对话框,选择 mill_contour,点击"确定"。进入加工模块。

(2) 创建 01、02、03、04 四个程序名,01 程序的类型:mill_planar,位置:PROGRAM 目录下,02、03、04 程序的类型:mill_contour、位置:PROGRAM 目录下。

创建 T1(ϕ16 平刀)、T2(ϕ12 平刀)、T3(ϕ12 球刀)、T4(ϕ8 球刀)、T5(ϕ5 球刀)四把刀具。

创建几何体:

点击导航器工具条中的"几何视图"按钮,在工序导航器栏,可以修改加工坐标系和编辑指定部件、指定毛坯。

四个操作都采用 MCS_MILL 坐标系,不用操作指定。

编辑指定部件、指定毛坯:右键点击"WORKPIECE",在弹出的下拉列表中再点击"编辑",如图 12.49 所示。

弹出"工件"对话框,

指定部件和毛坯:如图 12.50(a)图所示。指定型腔零件实体为指定零件,指定半透明矩形块为毛坯,如图 12.50(b)所示。

图 12.49 编辑 WORKPIECE

（a）　　　　　　　　　　　　　　（b）

图 12.50　"工件"对话框和指定的几何体对象

（3）创建工序 1：平面铣削

点击"创建工序"命令，弹出创建工序对话框，如图 12.51 所示。

设定、选择：类型：mill_planar；工序子类型：平面铣；程序：O1；刀具：T1；几何体：WORKPIECE；方法：MILL_ROUGH；名称：PLANAR_MILL，按"应用"。

弹出平面铣操作对话框，如图 12.52 所示。

图 12.51　"创建工序"对话框

图 12.52　"平面铣"对话框

参数设置和方法选择如下：

几何体框组的设置：

① 指定部件边界

点击"选择或编辑部件边界"按钮，在弹出的边界几何体对话框中，模式选择曲线/边。在弹出的创建边界对话框中设定类型：封闭的；平面：自动；刀具侧：外侧；刀具位置：相切；选择直径 309 的圆。按"确定"，按"确定"，退回平面铣对话框。

② 指定毛坯边界

点击"选择或编辑毛坯边界"按钮，在弹出的边界几何体对话框中，模式选择曲线/边，在弹出的创建边界对话框中，设定类型：封闭的；平面：自动；刀具侧：内侧；刀具位置：相切。选择半透明体的外边缘作为毛坯边界。按"确定"，按"确定"，退回平面铣对话框。

③ 指定底面

点击"选择或编辑底平面几何体"按钮，在弹出平面指定对话框中，如图 12.53(a)所示，选择"类型"为"自动判断"，选择如图 12.53(b)所示的平面。按"确定"，退回平面铣对话框。

(a)　　　　　　　　　　　　　　　(b)

图 12.53　指定底面

④ 刀轨设置框组的设置

a. 方法：MILL_ROUGH；

b. 切削模式：跟随部件；

c. 步距：刀具直径百分比、平面直径百分比：60；

d. 切削层：点击"切削层"按钮，弹出"切削层"对话框。设定：类型：恒定；每刀深度：5；临界深度选择：打勾。按"确定"，退回平面铣对话框；

e. 切削参数：余量：0；添加精加工刀路之前的方框打勾，刀路数数：1，精加工步距：5，％刀具，

f. 进给率和速度：单击进给率和速度按钮，弹出进给率和速度对话框。设定：表面速度：80；每齿进给量：0.3，按"确定"。

注：其余未设定的按默认值，以后未设定的都按默认值。

点击"生成"功能按钮，计算生成刀具路径，如图 12.54 所示。按"确定"，退出平面铣对话框。

图 12.54　平面铣刀具路径

(4) 创建工序 2(波轮工作面粗加工)

① 点击"创建工序"命令，弹出创建工序对话框(略)。设定选择：类型：mill_contour；工序子类型：型腔铣；程序名：O2；刀具：T2；几何体：WORKPIECE；方法：MILL_ROUGH；名

称：CAVITY_MILL。按"应用"，弹出"型腔铣"对话框，如图 12.55 所示。

图 12.55　"型腔铣"对话框

② 几何体框组的设置

指定切削区域：单击"选择或编辑切削区域几何体"按钮，弹出切削区域对话框，如图 12.56(a)所示。设定：选择：面（面规则：相切面）。选取波轮上表面的某一个面，如图 12.56(b)所示，按"确定"，返回型腔铣对话框。

③ 刀轨设置框组的设置

a. 方法：MILL_ROUGH；

b. 切削模式：跟随部件；

c. 步距：刀具直径百分比、平面直径百分比：60；

d. 每刀的公共深度：恒定；距离：3 mm；

e. 切削参数：余量：1 mm；

f. 进给率和速度：单击"进给率和速度"按钮，弹出进给率和速度对话框。设定：表面速度：80，每齿进给量：0.25。其余设置按默认值（不用设置）。

(a)   (b)

图 12.56　定义切削区域   图 12.57　粗加工刀具路径

④ 点击"生成"功能按钮,系统计算生成刀具路径,如图 12.57 所示。按"确定",退回创建工序对话框。

(5) 创建工序 3(波轮工作面二次粗加工)

① 设定选择:类型:mill_contour;工序子类型:剩余铣;程序:O3;刀具:T3;几何体:WORKPIECE;方法:MILL_ROUGH;名称:REST_MILLING。按"应用",弹出"剩余铣"对话框,如图 12.58 所示。

图 12.58　"剩余铣"对话框

②几何体框组的设置

指定切削区域:单击"选择或编辑切削区域几何体"按钮,弹出"切削区域设定"对话框,如图 12.59 所示。指定切削区域与粗加工方法一样,如图 12.60 所示。按"确定",退回"剩余铣"对话框。

图 12.59　"切削区域"对话框

图 12.60　定义切削区域

③ 刀轨设置组框的设置:

方法:MILL_ROUGH;切削模式:跟随部件;步距:刀具直径百分比、平面直径百分比:40;每刀的公共深度:恒定;距离:0.8 mm;切削参数:余量:0.4 mm;进给率和速度:单击"进给率和速度"按钮,弹出"进给率和速度"对话框。设定:主轴转速:3000 转/分、进给速度:900 毫米/分。

④ 点击"生成"功能按钮,系统计算生成刀具路径,如图 12.61 所示。按"确定",退回创建工序对话框。

(6) 创建工序 4(波轮工作面精加工)

① 设定选择:类型:mill_contour;操作子类型:区域轮廓铣;程序:O4;刀具:T3;几何体:WORKPIECE;方法:MILL_FIN-ISH;名称:CONTOUR_AREA。按"应用",弹出轮廓区域铣对话框,如图 12.62 所示。

图 12.61　剩余铣刀具路径

图 12.62　"轮廓区域铣"对话框

② 几何体框组的设置

指定切削区域:点击"选择或编辑切削区域几何体"按钮,弹出切削区域设定对话框。指定切削区域与粗加工方法一样。按"确定",退回区域轮廓铣对话框。

③ 驱动方法的设置

方法:区域铣削。点击"编辑"按钮,弹出区域铣削驱动方法对话框,设置如下:

陡峭空间的方法:无;驱动设置:切削模式:跟随周边;刀路方向:向内;切削方向:顺铣;步距:恒定(最大距离:0.8 mm);步距已应用:在部件上;按"确定",退回区域轮廓铣对话框。

④刀轨设置框组的设置

方法:MILL_FINISH;切削参数:余量:0;进给率和速度:主轴转速:4000 转/分、进给速度:800 毫米/分。按"确定",退回区域轮廓铣对话框。

⑤ 点击"生成"功能按钮,系统计算生成刀具路径,如图 12.63 所示。按"确定",退回创建工序对话框。

(7) 创建工序 5(二次精加工、清根)

① 设定选择:类型:mill_contour;操作子类型:清根参考刀具、程序:O5;刀具:T5;几何体:WORKPIECE;方法:MILL_

图 12.63　精加工刀具路径

FINISH；按"确定"，弹出"清根参考刀具"对话框，如图12.64所示。

图12.64　"清根参考刀具"对话框

② 几何体框组的设置：指定切削区域：同前面的精加工操作相同。

③ 驱动方法框组的设置：点击"编辑"按钮，弹出清根驱动方法对话框，设定：参考刀具为T4刀具，如图12.65所示，按"确定"返回"清根参考刀具"对话框。

图12.65　"清根驱动方法"对话框

④刀轨设置框组的设置

方法：MILL_FINISH；进给率和速度：操作方法同上，设定：主轴转速：5000转/分、进给速度：750毫米/分。

⑤点击"生成"功能按钮。计算生成刀具路径。如图12.66所示。按"确定"，退出工序的创建，波轮模具模芯加工的所有道具路径都已经创建完成。

⑥ 波轮凸模实际切削加工仿真效果如图12.67所示。

图 12.66　清根铣削刀具路径　　　　　　　**图 12.67　凸模仿真切削效果图**

13 车削加工

前面几章介绍的 UGCAM 中的铣削加工都是对实体进行加工，车削加工主要也是对实体进行加工，也可以对线框轮廓进行加工，本章介绍对实体模型的加工方法。

13.1 外圆车削加工

13.1.1 车削建模

UG 车削加工中，建模主要过程：先创建出加工零件实体模型，创建零件毛坯，设定加工坐标系。

（1）点击"文件"→"新建"功能键，弹出新建文件对话框，设定新建零件的路径和零件名。如车削外圆示例 1. prt。

（2）点击工具栏的"草图"功能按钮，弹出创建草图对话框，按"确定"（默认 X-Y 平面为草图平面），进入草图的绘制，如图 13.1 所示。

图 13.1 创建草图界面

用"轮廓""直线""圆弧"等功能键，创建一个尺寸大小相近、形状相似的草图，然后用位置约束、尺寸约束，完成草图轮廓的创建，如图 13.2 所示。

图 13.2　零件截面草图

　　创建完零件截面草图,退出草图,隐藏刚创建的草图,然后再创建如图 13.3 所示的毛坯截面草图,创建完成退出草图。

图 13.3　毛坯截面草图

　　(3) 分别将两个草图绕 X 轴旋转 $360°$,生成零件和毛坯实体,将毛坯实体半透明显示,然后将 ZC 旋转到 XC,XC 旋转到 YC,如图 13.4 所示。

图 13.4　创建完成的零件和毛坯实体模型

13.1.2　车削加工

　　(1) 点击工具栏的"应用模块"功能按钮,再点击"加工"功能按钮,弹出"加工环境"对话框,在"CAM"会话配置中,选择"cam_general",在"要创建的 CAM 设置"中选择"turning",如图 13.5 所示。

　　按"确定",进入车削功能,界面如图 13.6 所示,然后隐藏毛坯。

图 13.5　"加工环境"对话框

图 13.6　进入车削功能的界面

（2）UG 车削加工的主要操作步骤与铣削加工相同：创建程序组、创建刀具、创建几何体、创建方法、创建工序及工序参数设置等。

① 创建程序组

对一个零件进行加工，如复杂模具零件，有多道加工工序，可设定几个程序组，进行简单的车削加工。如一个粗加工、一个精加工的情况，可不用分别设定程序组；或者在"program"的程序组位置下设置 P1、P2 两个程序组，如图 13.7 所示。

② 创建刀具

CAM 加工中需要用到多把刀具，用创建刀具功能将所要用到的所有刀具预先都定义好。本例外圆加工中用两把刀具，一把粗加工刀具，一把精加工刀具。在工具栏点击"创建刀具"功能按钮，弹出"创建刀具"对话框，先定义粗加工刀具：右偏刀；刀具子类型：OD_55_L；刀具名称 T1_OD_55_L，如图 13.8 所示。

图 13.7　创建程序组

图 13.8　"创建刀具"对话框

　　按"确定",弹出"车刀－标准"对话框,设定刀片参数:菱形刀片、刀尖角度 55°、刀尖圆弧半径 0.8、副偏角 30°(即主偏角 95°)。如图 13.9 所示。

　　按"确定",返回创建刀具对话框。接着定义精加工刀具:右偏刀,刀具子类型:OD_55_L,刀具名称:T2_OD_55_L,按"确定",弹出如图 13.10 所示的界面。

图 13.9　设定粗加工刀具角度

图 13.10　定义精加工刀具角度

　　设定刀片参数:菱形刀片、刀尖角度 55°、刀尖圆弧半径 0.4、副偏角 30°(即主偏角 95°)。

　　刀具子类型根据零件加工工序、走刀方向、零件形状来确定;刀片参数根据零件形状、零件材料来确定。所选用的刀具不能有干涉,能满足图纸的工艺要求,也要考虑到生产效率及刀具的成本。刀尖圆弧半径通常精加工小于粗加工;方向角度即刀具副偏角,设定的大小影响到主偏角的大小。

按"确定",按"确定",完成刀具的定义。返回加工初始界面,如图 13.11 所示。

③ 创建几何体:将加工的零件几何体和毛坯几何体以及加工坐标系,按零件实际加工状况定义。

点击工具栏的"几何视图"功能按钮,在工序导航器—几何栏,点击"MCS_SPINDLE"功能按钮,加工坐标系与工作坐标系显示如图 13.12 所示,坐标系方向正确。

图 13.11　刀具定义完成后显示的刀具名称

图 13.12　定义加工坐标系

在工序导航器—几何栏,右键点击 WORKPIECE,如图 13.13(a)所示,在弹出的下拉菜单中点击"编辑",弹出工件对话框,如图 13.13(b)所示。

在几何体框组,点击"选择或编辑部件几何体"功能按钮,弹出部件几何体对话框,如图 13.14 所示,选择界面上的零件实体,按"确定",返回工件对话框。

（a）

（b）

图 13.13　编辑工件

显示半透明毛坯实体,点击"选择或编辑毛坯几何体"功能按钮,弹出毛坯几何体对话框,选择界面上的半透明毛坯实体,按"确定",返回工件对话框。按"确定",完成工件定义。

④ 创建方法：一般不用定义。

（3）创建工序：以上几项操作都完成后，创建工序进入具体工序的各项加工参数设置，生成该工序加工的刀具路径。

点击工具栏的"创建工序"功能按钮，弹出"创建工序"对话框。

1）创建粗加工工序

① 设定：工序子类型：外径粗车；程序名：P1；刀具：T1_OD_55_1；几何体：TURNING_WORKPIECE；方法：LATHE_ROUGH，如图 13.15 所示。

图 13.14　"部件几何体"对话框

图 13.15　"创建工序"对话框

按"应用"，弹出"外径粗车"对话框，如图 13.16 所示，用来设置粗加工工序的加工策略、选项和参数。

图 13.16　"外径粗车"对话框

② 定制部件边界数据采用默认值。

③ 点击切削区域的"编辑"按钮,弹出切削区域对话框,如图 13.17(a)图所示。

（a）　　　　　　　　　　（b）

图 13.17　定义切削区域

图 13.17(b)图所示的切削区域不合理,所以设定轴向限制位置。

点击轴向修剪平面 1 的限制选项的展开按钮,选择选项中的点,点击指定点的"点对话框",弹出设定限制点的点对话框,如图 13.18 所示。

（a）　　　　　　　　　　（b）

图 13.18　设定限制点位置

设定限制点($XC-53,YC8$),按"确定",按"确定",切削区域显示如图 13.19 所示。

轴向修剪平面 1 的设置,其意义是:图 13.17 中的切削区域不合理,为了限制不需要的(非合理)切削区域,即在轴向设置一个限制位置。设置后,切削区域如图 13.19 所示的合理切削区域。

图 13.19　切削区域

④ 切削策略框组中的策略选择单向线性切削（或单向轮廓）。

⑤ 刀轨设置框组中的选项和参数设定：

方法采用默认方式粗加工；水平角度、与 XC 轴的角度、方向采用默认方式和数据；

步进选项区域中的设定，最大值设定为 1 mm，即单边最大切深 1 mm。

⑥ 切削参数选项中余量的设定采用默认值（面 0.5，径向 0.7），工厂根据实际切削情况设定。

⑦ 非切削移动选项设定：通常设定逼近点、离开位置点；进、退刀点采用默认方式。逼近方式：先进轴向后进径向；逼近点的位置设定如图 13.20 所示，离开点设定成相同位置（$XC50, YC30$），离开点方式：先退径向后退轴向。

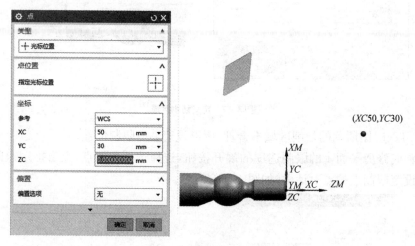

图 13.20　逼近点位置设定

⑧ 进给率和速度设定：主轴转速 800 rpm，进给率 160 mmpm；

⑨ 以上选项和参数的设定完成，按"生成"按钮，计算生成粗加工刀具路径。如图 13.21 所示。

图 13.21　粗加工刀具路径

⑩ 点击"确认"→"3D 动态"→"▷"。3D 确认效果如图 13.22 所示。

按"确定"，按"确定"，退回到"创建工序"对话框，粗加工结束。

图 13.22　3D 确认效果

图 13.23　"创建工序"对话框(选择精车)

2) 创建精加工工序

① 在弹出的"创建工序"对话框的工序子类型中选择"外径精加工",即精加工方式。

在位置框选择区域的选择为:程序位置 P2;刀具:T2_OD_80_L(精加工刀具);几何体:TURNING_WORKPIECE(没变);方法:LATHE_FINISH(精加工方式)。如图 13.23 所示。

按"确定",弹出精加工对话框,如图 13.24 所示。

选项和参数的设置:

② 切削区域的设置方法与粗加工相同:轴向修剪平面 1 的限制位置点($XC-53, YC8$)。

③ 非切削移动:设定成与粗加工方式相同:逼近点(逼近出发点)($XC50, YC30$),先轴向进刀后径向进刀;离开点($XC50, YC30$),先退径向后退轴向。

④ 进给率和速度:主轴转速 1 000 r/min,进给率 120 mm/min。

其余都采用默认方式,如图 13.24 所示。

(a)　　　　　　　　　　　　(b)

图 13.24　"外径精加工"对话框

⑤ 按"生成"功能按钮,生成精加工刀具路径,如图 13.25 所示。

⑥ 点击"确认"→"3D 动态"→"▷"。3D 确认效果如图 13.26 所示。

图 13.25　精加工刀具路径

图 13.26　精加工 3D 仿真效果

13.2　内孔车削加工

(1) 车削如图 13.27 所示零件的内轮廓,材料 45 钢,毛坯尺寸:直径 60、长 50、预钻孔直径 18。

图 13.27　内孔车削加工零件图

打开已创建完成的实体零件和半透明毛坯,如图 13.28 所示。

图 13.28　零件实体和半透明毛坯已创建完成

（2）点击工具栏的"应用模块"功能按钮，再点击"加工"功能按钮，弹出加工环境对话框，在"CAM"会话配置中，选择"cam_general"，在"要创建的 CAM 设置"中选择"turning"。按"确定"，进入车削功能，然后隐藏毛坯。

主要操作步骤与前一个例子完全相同：创建程序组、创建刀具、创建几何体、创建方法、创建工序及工序参数设置等。不同点主要是逼近点和离开点的位置，合适的位置防止 x 方向退刀时刀柄碰到孔的内壁。

① 创建程序组

对一个零件进行加工，如复杂模具零件，有多道加工工序，可设定几个程序组，简单的车削加工。如一个粗加工、一个精加工的情况，可不用分别设定程序组；本例在"program"的程序组位置下设置 P1、P2 两个程序组，如图 13.29 所示。

② 创建刀具

该镗孔加工中需要用到两把内孔镗刀：一把粗加工，一把精加工。在工具栏点击"创建刀具"功能按钮，弹出"创建刀具"对话框，先定义粗加工刀具：内孔镗刀；刀具子类型：ID_80_L；如图 13.30 所示。

图 13.29　创建程序组

图 13.30　创建刀具对话框

按"应用"按钮，弹出"车刀－标准"对话框，设定刀片参数：菱形刀片、刀尖角度 80°、刀尖圆弧半径 0.8、（OA）方向角度 280°（即主偏角 90°），如图 13.31 所示。

按"确定"按钮，返回创建刀具对话框。接着定义精镗刀具：内孔镗刀；刀具子类型：ID_80_L1。按"确定"按钮，弹出"车刀-标准"对话框。

设定刀片参数：菱形刀片、刀尖角度 80°、刀尖圆弧半径 0.2、（OA）方向角度 280°（即主偏角 90°）。

按"确定"按钮，完成刀具的定义。返回加工初始界面，如图 13.32 所示。

图 13.31　设定粗加工刀具角度

图 13.32　刀具定义完成后显示的刀具名称

③ 创建几何体：将加工的零件几何体和毛坯几何体以及加工坐标系，按零件实际加工状况定义。

点击工具栏的"几何视图"功能按钮，在工序导航器—几何栏，点击"MCS_SPINDLE"功能按钮，加工坐标系显示如图 13.33 所示，坐标系合适，不用定义。

图 13.33　加工坐标系显示

在工序导航器—几何栏，右键点击 WORKPIECE，在弹出的下拉菜单中点击"编辑"，如图 13.34(a)所示，弹出工件对话框，如图 13.34(b)图所示。

(a)

(b)

图 13.34　编辑工件

在几何体框组，点击"选择或编辑部件几何体"功能按钮，弹出部件几何体对话框，如图 13.35 所示，选择界面上的零件实体，按"确定"，返回工件对话框。

显示半透明毛坯实体，点击"选择或编辑毛坯几何体"功能按钮，弹出毛坯几何体对话框，选择界面上的半透明毛坯实体，按"确定"，返回工件对话框。按"确定"，完成工件定义。

④ 创建方法：本例不用定义。

（3）创建工序：以上几项操作都完成后，创建工序进入具体工序的各项加工参数设置，生成该工序加工的刀具路径。

点击工具栏的"创建工序"功能按钮，弹出"创建工序"对话框，如图 13.36 所示。

图 13.35 "部件几何体"对话框　　　　**图 13.36** "创建工序"对话框

1）创建粗加工工序

① 设定：工序子类型：内径粗镗；程序名：PROGRAM；刀具：ID_80_L；几何体：TURN-ING_WORKPIECE；方法：LATHE_ROUGH（粗车方式），如图 13.36 所示。

按"应用"，弹出"内径粗镗"对话框，设置粗加工工序的加工策略、选项和参数等，如图 13.37 所示。

图 13.37 "内径粗镗"对话框

② 定制部件边界数据采用默认值。

③ 点击切削区域的"编辑"按钮,弹出切削区域对话框,切削区域显示如图 13.38 所示,轴向区域不正确,必须限制轴向的切削位置。

点击轴向修剪平面 1 的限制选项的展开按钮,选择选项中的点,点击指定点的"点对话框",弹出设定限制点的点对话框,如图 13.39 所示。

图 13.38　定义切削区域

(a)　　　　　　　　　　(b)

图 13.39　设定限制点位置

设定限制点($X-25$,$Y11$),按"确定",按"确定",切削区域显示如图 13.40 所示。

轴向修剪平面 1 的设置,其意义是:图 13.38 中的切削区域不合理,为了限制不需要的(非合理)切削区域,即在轴向设置一个限制位置。设置后,切削区域变成如图 13.40 所示的合理切削区域。

④ 切削策略框组中的策略选择单向线性切削(或单向轮廓)。

⑤ 刀轨设置框组中的选项和参数设定:方法采用默认方式粗加工;水平角度、与 XC 轴的角度、方向采用默认方式和数据;步进选项区域中的设定,最大值设定为 1 mm,即单边最大切深 1 mm。

图 13.40　切削区域

⑥ 切削参数选项设定采用默认值(面 0.5,径向 0.7),工厂根据实际切削情况设定。

⑦ 非切削移动选项设定:通常设定逼近点、离开位置点;进、退刀点采用默认方式。

逼近方式：先进径向后进轴向；逼近点的位置设定如图13.41所示，离开点设定成相同位置($X50,Y8$)，离开点方式：先退轴向后退径向。

图 13.41　逼近点位置设定

⑧ 进给率和速度设定：主轴转速 800 r/min，进给率 160 mm/min。

⑨ 以上选项和参数设定完成，按"生成"功能按钮，计算生成粗加工刀具路径，如图13.42所示。

图 13.42　粗加工刀具路径

图 13.43　"创建工序"对话框(选择内孔精镗)

2) 创建精加工工序

① 在"创建工序"对话框的工序子类型中选择"内径精镗"，即精加工方式。

在位置框组选择区域的选择为：程序位置 PROGRAM；刀具：ID_80_L_1(精加工刀具)；几何体：TURNING_WORKPIECE(没变)；方法：LATHE_FINISH(精加工方式)，如图 13.43 所示。

按"确定",弹出精加工对话框,如图 13.44 所示。

选项和参数的设置:

② 切削区域的设置方法与粗加工相同:轴向修剪平面 1 的限制位置点(X-53,Y8)。

③ 非切削移动:设定成与粗加工方式相同:逼近点(逼近出发点)(X50,Y8),先经向进刀后轴向进刀;离开点(X50,Y8),先退径向后退轴向。

④ 进给率和速度:主轴转速 1 000 r/min,进给率 120 mm/min。

其余都采用默认方式,如图 13.44 所示。

图 13.44　"外径精加工"对话框

⑤ 按"生成"功能按钮,生成精加工刀具路径,如图 13.45 所示。

图 13.45　精加工刀具路径

13.3 外圆割槽加工

图 13.46 所示零件外圆粗、精加工已经完成,宽 7.5,直径 14 的退刀槽没有加工,本道工序就是用割刀切割此退刀槽,退刀槽余量的外径 $\phi16$,选用宽度 3 割刀,用 UG 生成切割退刀槽的刀具路径。

图 13.46 带退刀槽轮廓零件

① 打开已创建完成的上图的实体零件如图 13.47 所示,零件的毛坯外径为 $\phi16$、长度为 55 的圆棒,割槽轮廓就是退刀槽的轮廓。

② 创建刀具

在工具栏点击"创建刀具"功能按钮,弹出"创建刀具"对话框,如图 13.48 所示。

图 13.47 切退刀槽零件

图 13.48 "创建刀具"对话框

按"确定",弹出"槽刀-标准"对话框,如图 13.49 所示。设定槽刀宽度 3,左刀尖对刀。按"确定",刀具设定完成。

（a）　　　　　　　　　　　　　（b）

图 13.49　设定刀具参数

③ 创建几何体：将加工的零件几何体和毛坯几何体以及加工坐标系，按零件实际加工状况定义。

点击工具栏的"几何视图"功能按钮，在工序导航器—几何栏，点击"MCS_SPINDLE"功能按钮，加工坐标系与工作坐标系显示如图 13.47 所示，坐标系合适，不用定义。

在工序导航器—几何栏，右键点击 WORKPIECE，在弹出的下拉菜单中点击"编辑"，弹出工件对话框。在几何体框组，点击"选择或编辑部件几何体"功能按钮，弹出部件几何体对话框，选择界面上的零件实体，按"确定"，返回工件对话框。

显示半透明毛坯实体，点击"选择或编辑毛坯几何体"功能按钮，弹出毛坯几何体对话框，选择界面上的半透明毛坯实体，按"确定"，返回工件对话框。按"确定"，完成工件定义。

④ 创建方法：本例不用定义。

图 13.50　创建工序对话框（选割槽工序）

⑤ 创建工序：以上几项操作都完成后，创建工序进入具体工序的各项加工参数设置，生成该工序加工的刀具路径。

点击工具栏的"创建工序"功能按钮，弹出创建工序对话框，位置组框的各项设置完成后如图 13.50 所示。

按"确定"，弹出"外径开槽"对话框，如图 13.51 所示。

图 13.51　"外径开槽"对话框

设定轴向限制位置,轴向限制位置 1、轴向限制位置 2,如图 13.52 所示。

（a）　　　　　　　　　（b）

图 13.52　设定轴向限制位置

按"确定",完成切削区域的设定。

用上例中同样的方法,设定逼近点（$XC50,YC30$）,逼近方式:先轴向后径向;设定离开点（$XC50,YC30$）,离开方式:先径向后轴向（注:坐标值相对于工作坐标系）。

设定主轴转速 600 r/min,进给速度 80 mm/min。
其余设定选项按默认值。

按"生成"功能按钮,计算、生成刀具路径,如图 13.53 所示。

图 13.53　割槽刀具路径

14 CAD/CAM 在模具制造中的应用

14.1 模具制造概述

(1) 模具的概念

在工业生产过程中,为了提高生产效率、减轻劳动强度、保证产品质量而将冲压机、注塑机、压铸机装上各种专用工具,从而使金属或非金属在各种专用工具中变形或浇铸,得到产品的形状和尺寸,这种专用工具就叫模具。

在现代工业生产中,60%~90%的工业产品需要使用模具,模具工业已经成为工业发展的基础。根据国际生产技术协会的预测,21世纪机械制造工业零件粗加工的75%,精加工的50%都需要通过模具来完成,其中在汽车、电器、通信、石化和建筑等行业表现得最为突出。

(2) 国内外模具制造业的现状和趋势

在国外工业发达国家,模具制造业已成为一个专门的行业,其标准化、专业化、商品化程度高。模具作为一种高附加值的技术密集产品,它的技术水平已经成为衡量一个国家制造业水平的重要评价指标。早在CAD/CAM技术还处于发展的初期,CAD/CAM就被模具制造业竞相吸收应用。

目前国内的模具制造企业约20 000家,并且以每年10%~15%的速度高速增长。在约400亿元的模具工业产值中,自产自用模具的企业约占2/3,50%~60%的企业较好地应用CAD/CAE/CAM/PDM技术。模具相关的CAD/CAE/CAM技术一直是研究开发、教育培训和推广应用的热点。

但目前,我国在采用CAD/CAM/CAE/CAPP等技术设计与制造模具方面,无论是应用的广泛性,还是技术水平上与发达国家相比还存在差距。在应用CAD技术设计模具方面,CAD已经普及,在加工方面都已采用CAM自动生成加工程序。在应用CAE进行模具方案设计和分析计算方面,也已经普及在应用CAPP技术进行工艺规划方面,还没有得到普及在模具共性工艺技术,如模具快速成型技术、抛光技术、电铸成型技术、表面处理技术等方面的CAD/CAM技术应用在我国已处于快速发展的初始阶段。

我国已成为世界制造业的中心,加快高技术设备如数控加工、快速制模、特种加工在模具行业中的应用,加大新兴CAD/CAM技术在模具设计与制造中的应用比例,加速模具新结构、新工艺、新材料的研究和强化模具高技术人员的培养,促进我国从制造业大国转变或制造业强国。

(3) 模具在工业生产中的作用

模具在工业生产中是一种非常重要的工艺装备,使用模具生产具备下列优点:

① 可实现产品与零件高速度大批量生产,提高生产效率,大大降低成本,提高制品和零件在市场的竞争力,可以实现生产自动化和半自动化。

② 可保证制品和零件的质量,能使尺寸统一,具有较好的互换性,使产品质量稳定,并可以制造较复杂的零件。

③ 能大量节约原材料,可实现少切削和无切削,如冲压件、精密压铸等可以一次成形不需要再加工。

④ 使用模具生产操作工艺简单,不需要有较高操作工艺水平。

模具生产必须是定型产品才能制作模具,新产品或试制产品不能使用模具。因此在现代工业生产中模具的使用非常广泛,它是当代工业生产的重要手段和发展方向。工厂必须要具备高级设计人才和一定的机床设备与各种数控机床,并带有 Mastercam、Pro/E、UG 等软件,才能制造高级与复杂的模具。

14.2 模具制造分析

14.2.1 模具设计制造的特点

模具制造属于机械制造业,从设计、加工(包括热处理)到装配类似一般的机械加工业,但又具有自身的特点:

(1) 对于模具开发者来说,每开发一副模具的过程都是一次新的探索。模具既是一个最终产品又是一个加工工艺装置,类似于一般的机械加工中的夹具,每一副模具由于需成形零件的形状及技术要求的不同,则成形工艺存在区别,反映到模具上,其结构设计与制造工艺不同,因此,模具行业是一个典型的开发型行业,其典型特点是批量小,一般都是单件生产。

(2) 模具的设计水平与设计能力的形成不仅仅是一个理论学习的过程,更重要的是一个经验积累的过程。模具是一种机械产品,其设计与制造的共性基础虽没有超越机械设计与制造的范围,但是难以用一般的机械设计和模具设计书本知识来准确、快速地完成其设计过程。

(3) 由于模具大多数零件加工精度和技术要求较高,模具制造条件的建立,需要较多的集中资金投入,配备具有高精度的数控加工设备。

(4) 在模具设计与制造过程中,对开发者自身素质的依赖占有相当大的比重,而人的技术和知识的不全面常常导致模具和产品的返工和报废,造成不必要的损失、浪费及工期的延误,因此,有必要寻求计算机辅助的方法来减少模具开发对人的过度依赖。

(5) 在模具设计过程中,从制件设计、成形工艺设计、模具结构设计、模具制造规划到模具装配等,设计环节较多,且各环节相互制约和影响。所以,模具的设计和制造是一个多环节、多反复的复杂过程。

(6) 在模具开发的实际过程中,多采用主任设计师制,即一人负责全面设计,其余开发人员进行各个方面的详细设计,由主任设计师控制开发过程,进行协调管理工作,但由于设计手段的落后(不是单一数据库的 CAD,无统一产品信息模型),协调、修改、验证的工作难度都很大,严重制约了开发过程的进展。如能以先进的开发手段,例如以单一数据库的网络型工作站等为基础,用先进的制造理论(并行工程、虚拟制造、CIM)作指导,则在模具开发质量、成本、周期等方面都有可能取得很好的效果。

14.2.2 传统模具生命周期的分析

产品生命周期是一个重要概念,它强调产品设计阶段就考虑产品整个生命周期内的价值,这些价值不仅包括产品所需要的功能,还包括可制造性,可测试性,可循环利用性,环境友好性等。

产品的生命周期具体包含了三个过程:根据市场的需求形成新概念及其在逻辑世界中描述实现的过程;产品开发与生产过程;产品服务与维护过程。对于传统的模具设计、制造,从市场或用户需求开始,到最终丧失使用价值的生命周期过程可划分为四个阶段,如图 14.1 所示。

图 14.1 传统的模具生命周期

对模具生命周期各阶段分析如下:

(1)需求分析阶段

根据市场的需求及发展趋势的分析,开发设计产品。而模具制品通常不是直接作为一个产品,而是产品中的几个零部件,有新的产品就需求新的模具。

(2)模具开发阶段

① 工艺设计:根据顾客产品的要求,对其特点进行分析,拟定冲压(注塑)加工方法和冲压(注塑)工艺方案,确定模具类型、基本工艺参数,并从实际制造环境及经济角度出发,优化工艺方案,选出最佳加工方案。

② 模型设计及制作:对于大型的复杂的模具,通常根据产品零件,首先制作一个模具模型,检测、确认后达到要求才进行模具设计。

③ 模具设计:根据模型数据,设计模型工作面、模具的模架结构。其中包括模具受力,发热,注塑模的流动,冲压模材料与模具工作面的摩擦等的分析。

④ 模具加工:用 CAM 软件生成的加工程序,在数控机床上进行加工。

⑤ 装配及试模:把加工好的模具零件(或购买来的标准通用的模架结构件)进行组装,装配好后再把样品进行试模。

（3）模具使用阶段

① 模具销售：按合同要求通过销售部门移交用户。

② 模具使用：进行冲压、注塑等生产活动。

③ 模具磨损：在模具使用过程中，由于制件与模具之间的相对运动，受到摩擦、震动或疲劳龟裂导致磨损，特别是局部相对运动较大，发热量大，磨损严重，所以从模具使用角度来考虑，要求工作部件具有较高的耐磨性，且磨损一致性好。

④ 模具维护：针对模具在使用不同时期的问题，可采取相应措施加以解决，以避免模具过早失效；同时在模具设计阶段，应考虑模具的维护问题。

（4）回收利用阶段

① 模具报废：由于模具工作面、其他运动部件磨损，使冲出或注塑出的零件形状或尺寸不能满足图纸的要求等失去原设计的效能。

② 回收利用：根据可持续发展的理论，要求不破坏环境，降低资源消耗，废模具应可拆卸作为废料再回收利用。

从以上分析可知，模具的开发过程是典型的单件生产方式，开发过程覆盖了制品（产品）设计与分析、成形工艺设计、模具结构设计、模具加工、装配、试模等一系列环节，各环节之间互有联系，要确保模具质量则迫切需要现代制造理念，利用 CAD/CAM 手段、虚拟制造、并行工程等技术。

传统模具的制作过程用框图的形式表达如图 14.2 所示。

图 14.2 传统模具的制作过程

产品设计部门的产品（零件）设计数据，不能直接被模具制造部门使用，还需要用 CAD/CAM 重新造型，这个重新造型过程浪费人力、物力，延长制作周期，重新造型一次，对于复杂曲面模具，设计人员难以 100% 表达出产品设计人员的意图。特别是在现场会诊、修正的阶段模具仍不能正常使用、或冲出的（或注塑出的）零件不合格，就有返工重做的可能性，这将严重影响产品的配套、产品的整个生产周期。在现代先进工业国家汽车、摩托车行业，车型 2 年左右（国内通常 4～5 年）更新一次，这就跟不上发展的要求，就有遭受淘汰的危险。而且模具质量和寿命很大程度上要依靠模具制造人员的工作经验。

虽然也有很多大、中型企业使用 FEM（有限元分析法）法分析冲压模具材料的成型、模具曲面成型的易难性，根据零件材料成型时材料弹塑性变形、模具的发热情况，解决冲压成型后的回弹翘曲、起皱、开裂、个别地方的不正常磨损等，注塑模用网格图分析注塑材料的流动过程、填充的均匀情况等,但是软件用的不是同一数据库,存在数据重复制作的重复劳动。

14.2.3　CAD/CAM 在模具制造中的应用

通过以上分析对于传统的模具设计和制造方法主要有以下几个方面的不足:①一次性设计合理性差;②设计、制造的串行工作模式周期长、效率低,不适应现代制造业发展的形势;③过度依赖设计、制造人员的经验积累。为了弥补传统方法的不足之处,制造汽车、摩托车等的大型模具,使用单一数据库 CAD/CAM 系统(细分可称为 CAD/CAE/CAM/CAT 系统)。一元化系统的网络型工作站(参见第一章)能充分发挥网络功能,分散作业,同一时刻做多个工作。常用的网络型工作站通常一台服务器,一台主机,带有多个子机,把直列作业状态转变为并列作业状态。其工艺过程通常如图 14.3 所示。

图 14.3　计算机辅助模具制作方法

使用单一数据库有如下优点:

① 使各工序的信息、数据基准统一,整个过程的标准化,数据共享。

② 过去靠个人经验、诀窍等模拟量信息,现在数字化,社会共有。

③ 由于单一数据库可以共享,省掉各工序之间的重复 CAD 操作。

而且从产品设计开始就用参数式三维实体造型,很容易微妙地改变外形,且能着色外形,从外形的美学感染方面很容易做的很好。同时模架基本结构采用统一化、标准化节省模架的设计时间。

CAD/CAM 在模具制造中的并行性表现在以下两个方面:

(1) CAD 阶段的并行性:由于产品零件多为最终产品的生产厂家设计,但较多考虑的是产品零件的使用要求,对成形工艺性,模具设计与制造的方面顾及不够。但是,产品零件设计与冲压工艺设计,模具设计之间是紧密联系相互依赖的。有的问题,单从模具方面很难解决,且并不影响产品的使用性能。因此从这一点来讲,制件的设计阶段应充分考虑工艺与模具的相关因素。

产品零件与模具的并行设计主要表现在:在产品零件设计的同时,应尽早地从设计、工艺、时间、成本等角度考虑与产品零件有关的冲压工艺,冲压模具等因素,以避免等到产品零件与模具设计完以后才发现问题。

(2) 产品零件与模具设计的并行性:模具设计人员参与产品零件的设计,应综合考虑以下四个方面:①产品零件本身的设计与评价,包括使用性能、外观、可靠耐用度等;②工艺评价,包括可冲压性、模具结构、冲压设备及能力等;③时间评价,包括项目开发周期、模具设计时间,模具制造时间,制件生产准备时间等;④成本评价,包括材料费用、模具设计费用、模具制造费用、冲压生产费用等。

其优点在于:由于产品零件设计与模具设计师之间的相互沟通,使得所设计的产品零件能不断地接受模具设计师的评价、审查。产品零件的设计从一开始就充分重视了工艺性,从而使成形工艺和模具的实现变得更为易行。

模具设计能直接利用零件设计的三维实体图形数据,对冲模、注塑模的最终成型模利用分模功能,从三维实体零件图形直接取得凹凸模的型腔工作面。分析模具工作面周围的结构,减轻模具结构的总重量,增加刚性;分析冲压过程中模具各部的发热情况以便于模架结构设计时合理分布冷却水管,延长模具耐用度。分析注塑模的注塑过程的材料流动情况,使材料流动更合理,更好解决材料收缩问题。分析三维数据是否正确,核对图形,分析曲面形状的曲率变化情况,把分析的结果反馈给 CAD 使之外观更好看,工件更容易成形。

对关键工序的模具工作面从粗加工到精加工,电极从设计到质检,都可以在计算时预先虚拟进行。

如何在保证模具质量的前提下,以最短的周期将模具提交给用户,是当前模具业追求的主要目标。

根据模具设计图针对不同的部位生成各个粗、精加工程序,对假设的毛坯进行数控加工,观察加工过程和加工出的结果。在生成程序的过程中,根据图纸的不同要求、零件材料、刀具材料,选用不同的加工方法及走刀路径。制定出一个合理的工艺过程。即先在计算机中进行虚拟制造,优化加工过程,订出合理工艺,找出最佳参数。在工艺上缩短加工时间,目前较为流行的方法有:在高速铣床上(主轴转速 1 万转/分以上最高可达 10 万转/分),用硬质合金基体涂层刀具,例如:切削量 0.05 毫米/转,转速 2 万转/分,理论上进给量可达 1 000 毫米/分。同时 CAM 中刀具路径的实体切削仿真功能,与实际切削情况一样,只要实体切削仿真没有问题,实际切削就不会有问题。就冲模而言,通过 CAE 过程,实体仿真可以减少试模中试打的次数,一次成功。

14.3　工业生产中模具的分类

在工业生产中,根据成形的金属和非金属材料、使用的成形工艺与成形设备,将模具主要分为冷冲模、轻工模具、锻模和粉末冶金模、铸造和压铸模四大类,如图 14.4 所示。

图 14.4 模具的分类

1）冷冲模

冲压属于板材加工,是在冲床的压力作用下使金属板材产生分离或变形,以获得一定形状和尺寸的零件的加工方法。由于板材在常温下进行加工,所以称之为冷冲模。

冷冲模有五类:冲裁模、弯曲模、拉伸模、成形模和冷挤压模。

（1）冲裁模:冲床的压力传递给模具的凸模,从整体板料中分离出所需要的零件,如图 14.5 所示。

（a）普通冲模   （b）精冲

图 14.5 冲裁模

图 14.6 圆圈零件一次弯曲模

（2）弯曲模:弯曲模是将板料或冲裁后的坯料通过压力机在模具内弯曲成一定角度和形状的零件,如图 14.6 所示。

（3）拉伸模:将已冲裁下来的平整坯料通过压力机压制成开口的空心零件。

（4）成形模:用各种局部变形的方法来形成坯件的形状,如图 14.7 所示。

（5）冷挤压模:在常温下,通过压力机的压力作用于模具内,使金属坯件产生塑性变形、挤压而形成所需尺寸和形状的零件,如图 14.8 所示。

图 14.7　成形模　　　　　　　　　　图 14.8　冷挤压模

2）轻工模具

轻工模具主要有：注射模、压塑模和挤塑模等。

（1）注射模：注射模沿分型面可分为定模和动模两部分。安装时定模以定位圈或浇口套与注射机定模板上的定位孔配合，并将定模部分紧固在定模板上，动模紧固在注塑机的动模板上。工作时注射机模板的锁模机构推动其动模板，使动模与定模压紧，然后注射机的注射机构以 $400\sim1\,200\ \mathrm{kg/cm^2}$ 的注射压力将注射机料筒内已加热均匀塑化的塑料，通过料筒喷嘴和定模部分的浇口套及浇道系统注入模腔，在模内冷却硬化到一定强度后，锁模机构松压，并带动其动模板使动模与定模沿分型面分开，并由注射机向上顶出机构，推动动模部分的顶出系统，将塑料件从模具内顶出，取出制件。注射模如图 14.9 所示。

图 14.9　单分型面注射模具

1—定位环；2—主流道衬套；3—定模底板；4—定模板；5—动模板；6—动模垫板；7—模脚；8—顶出板；9—顶出底板；10—拉料杆；11—顶杆；12—导柱；13—凸模；14—凹模；15—冷却水通道

（2）压塑模：压塑模是将塑料放在模具内在压力机上加热后，使塑料软化，然后加压使塑料填充型腔保持一定的温度和时间，使塑料固化形成所需尺寸和形状，如图 14.10 所示。

（3）挤塑模：挤塑模是将塑料放在专用加热室内，通过压力机加热、加压，使塑料软化，其熔液经过浇注系统

图 14.10　压塑模

压入模具的型腔内,待固化后形成所需的形状,如图 14.11 所示。

（a）　　　　　　　　　　　　（b）多孔板

1—口模;2—芯棒;3—分流器;4—分流器支架;5—多孔板

图 14.11　塑料圆管挤出成形机头

3）粉末冶金模与锻模

（1）粉末冶金模:粉末冶金模既是制取金属材料的一种方法,又是制造机械零件的一种加工方法。

粉末冶金模是采用金属粉末作为原料,经过压制、高温烧结制成各种零件。制件是粉状的金属放置在模具中通过压制而成的,如图 14.12 所示。

图 14.12　粉末冶金模

粉末冶金方法能生产各种具有特殊性能的材料,如多组元材料、多孔材料、硬质合金和难熔金属材料等;可制造无切削或少切削的机械零件;生产效率高,材料利用率高,零件精度高。

（2）锻模:锻模是将金属在加热炉内加热到可锻造的温度,再将制件毛坯放置在固定的锻模内,用空气锤、蒸汽锤或水压机对坯件施加压力,使材料发生变形,待填充型腔后,形成锻件,如图 14.13 所示。

图 14.13　锻模

图 14.14 是连杆分级模锻的示意图,图 14.15 是多种形式的模腔的示意图。

坯料　　　　　　　　(a)　　　　　　　　(b)

(c)　　　　　　　　(d)

图 14.14　连杆分级模锻

带飞边槽锻模			封闭式锻模　　多分模面的锻模
单模槽锻模	多模槽锻模	多工步锻模	多模槽锻模
整体模			冲头座 顶锻芯棒 冲孔冲头
单模槽锻模	有几个相同模槽的镶块		凹模镶块　　夹紧凹模
镶块模			

图 14.15　多种形式的模腔

在锻造过程中由于金属的塑性变形的结果,使毛坯金属获得较细的晶粒,同时能压合锻件组织内的缺陷,因此可提高金属的机械性能和使用的可靠性。

　4) 铸造模和压铸模

(1) 铸造模:常用铸造金属有铸铁、铸钢和有色金属。设计铸造模时必须考虑对样件制造、造型、制芯、合箱、浇铸、清理等工序的操作要求,它的模型有木模和金属模,根据不同铸件而进行设计,如图 14.16 所示。

图 14.16　铸造模

(2) 压铸模:压力铸造是精密铸造的一种方法,不宜用于厚壁铸件。

它是把加热后熔化成液体的有色金属或黑色金属合金,放置在压铸机的加料室内,用压力活塞加压后,进入模具内,待冷却后固化成所需要的形状,如图 14.17 所示。

图 14.17　压铸模

14.4　模具制造过程

14.4.1　一般模具生产过程

模具生产是根据被加工零件的形状、尺寸和精度的要求设计出合理的结构，使其使用方便、寿命长，生产出的零件达到图纸的尺寸和精度要求。

它的主要生产过程包括模具工程图设计、模具制造工艺编制、模具制造的材料准备、模具零件的机械加工和热处理、模具装配和调试。

（1）模具工程图设计

设计者根据零件图纸的形状、尺寸、材料和用途来确定用什么模具。如果是钣金件，则用冷冲模；如果是塑料件，则选用塑料模；如果是粉末冶金制件，则选用粉末冶金压铸模。

确定使用什么模具后，则设计模具的总图，在设计总图时尽量采用通用部件和标准件，并在总图标注联系尺寸，然后编制零件明细表，标注编号、名称、材料、件数、热处理，并编写必要的技术要求，再绘制零件图。

在零件图上标注详细的尺寸、尺寸公差、形位公差、选用材料、热处理，还要编写制造的技术要求。

在零件图完成后与总图校对、审核，然后打印成图纸，交工艺部门编制工艺规程，最后投入车间生产。

（2）工艺部门编制工艺规程

零件的加工工艺规程是一系列不同工序的综合，由于生产规模与具体情况不同，对于同一个零件的加工工序可能有很多方案，应根据具体条件，采用其中最完善和最经济的加工方法。

工艺部门根据模具图纸，由工艺员为整个模具生产制作一个完整的工艺方案，然后对每个零件填写机械加工过程卡、机械加工工序卡（在工序卡上要绘制零件简图）、填写产品名称、零件名称、零件号、零件材料、毛坯尺寸、重量、件数、工序号、工步号、工序名称、使用刀具、量具、夹具和使用机床等，这样就成为工艺文件，作为生产前技术工作的依据。

（3）组织生产模具零件

按照工艺部门编制的工艺文件准备材料，将材料分送到各车间。车间按图纸和工艺生产，可采用车、铣、刨、磨、镗、插、拉削等方式，复杂曲面采用数控铣加工。

（4）装配模具

零件制造完成后，要经过检验部门严格检查合格后才可以进行装配。如果某零件装不上，要检查原因，不能另加图纸没有的零件。装配完成后，由检验部门检查合格，才能给予合格证。

（5）试模和调整

装配好的模具，在指定的冲床或注射机上进行试模，在试模过程中可以调整、校正，一直到生产出合格的产品。

14.4.2　通常的模具加工方法

模具的常规加工与其他机械产品的加工基本相类似。

常用的加工方法有：备料（锯削）、车削、铣削、刨削（插削和拉削）、钻削（扩孔、铰孔和锪）、镗孔、磨削、电火花加工、线切割加工、加工中心加工。

（1）备料

模具的坯料有下料件、铸件、锻件等，为了节约材料，每种材料都要考虑选取最小的加工余量。

（2）车削加工

车削是最常见的加工方法，对回转体工件进行加工，在车床的床头箱主轴的卡盘上夹持工件使主轴旋转，刀架纵向横向移动进行切削。车削可加工内外圆柱面、内外圆锥面、端面、沟槽、内外螺纹、内外曲面及滚花等。

① 粗车削：粗车削的目的是尽快地从坯件切去大部分加工余量，使工件接近所要求的形状和尺寸。粗车削应给半精车削和精车削留有合适的加工余量（一般为 $1 \sim 2$ mm），而对精度和表面粗糙度无严格的要求。为了提高生产率和减小车刀磨损，粗车应优先选用较大的切削深度和进给量，推荐使用如下硬质合金车刀粗车的切削用量：切削深度 t 取 $3 \sim 5$ mm，进给量 s 取 $0.2 \sim 0.6$ mm/r，切削速度 v 取 $50 \sim 60$ m/min（加工钢件），取 $30 \sim 50$ m/min（加工铸件），当坯件表面凹凸不平时，切削用量要减小。

② 精车削：精车削的关键是保证加工精度和表面粗糙度要求，生产率在此前提下尽可能提高。

精车削选用较小的切削深度 t 和进给量 s，较高的切削速度 v，可减小残留面积，使 Ra 值减小。

（3）铣削加工

铣削也是最常见的加工方法，可加工各类平面、沟槽、铣齿轮、铣花键、铣伞齿轮、钻孔、铰孔等。

常用的铣床有：卧式铣床、立式铣床、龙门铣床、万能工具铣床等。

常用铣床附件有：分度头、回转台、各种虎钳等。

铣刀有圆柱铣刀、立铣刀、整体套式面铣刀、镶齿套式面铣刀、三面刃圆盘铣刀、槽（花键）铣刀、切槽铣刀等。

14.4.3　模具材料和热处理

在制造模具时选用模具材料是设计工作的一个重要环节，选用的材料要具有较高硬度、强度、韧性、耐磨性和抗疲劳性等。

（1）常用的冷冲模材料

冷冲模材料除了硬度、强度、韧性、耐磨性和抗疲劳性，还有耐冲击性。常用材料有：碳素工具钢、低合金工具钢和高合金工具钢和钢结硬质合金。

（2）常用的型腔模材料

型腔模常用材料有：优质碳素结构钢、碳素工具钢、合金结构钢、低合金工具钢和高合金工具钢。

（3）模具零件的热处理工艺

热处理是模具制造中的一个重要工序，模具零件热处理的目的是利用加热和冷却的方法，有规律地改变零件金属内部组织，从而使零件的硬度提高。

热处理工艺分为整体热处理、表面热处理、化学热处理三大类。模具制造中经常采用的热处理有正火、退火、淬火和回火、调质等整体热处理工艺，还有碳氮共渗、盐浴渗硼、碳氮硼三元共渗等。

（4）模具零件的热处理工序安排

① 冲模零件热处理工序。

a. 用型材做毛坯的热处理工序（一般精度普通冲模）。

型材→加工成形→淬火与回火→装配。

b. 锻件做毛坯的热处理工序（一般精度冲模）。

锻件→球化退火或高温回火→加工成形→淬火与回火→装配。

c. 用锻件做毛坯的热处理工序（较高精度冲模）。

锻件→球化退火→粗加工→淬火与回火→精加工→装配。

d. 锻件做毛坯的热处理工序（高精度冲模）。

锻件→球化退火→粗加工→高温回火或调质→加工成形→淬火与回火→精细加工→装配。

② 塑料模零件的热处理工序。

a. 锻件→正火或退火→粗加工→冷挤压型腔（多次挤压时需中间退火）→加工成形→渗碳或碳氮共渗等→淬火与回火→钳修抛光→镀硬铬→装配。

b. 锻件→退火→粗加工→调质或高温回火→精加工→淬火与回火→钳修抛光→镀硬铬→装配。

c. 锻件→退火→粗加工→调质→精加工→淬火与回火→钳修抛光→镀铬→装配。

d. 锻件→正火或高温回火→精加工→淬火与回火→钳修抛光→镀铬→装配。

14.4.4　UG 加工模具的一般流程

在 CAD/CAM 技术尚未广泛应用之前，模具设计与制造皆依赖技术人员的手艺和经验，导致模具设计和制造的差异性大，同时带来修改难、技术延续难等一系列问题。CAD/CAM 技术在模具行业中的应用，极大地提高了模具设计与制造的精度、效率和相容性。

在模具加工领域 UG 是该行业最广泛使用的软件之一。利用该软件的 CAD 进行模具设计，公用数据库（或称单一数据库）的系统零件模型不用设计，可以直接从产品数据库中调出，再利用该软件的分模功能，生成凹凸模腔。利用该软件的 CAM 功能进行模具加工，UG CAM 提供二、三、四、五轴的铣削功能。

UG 针对模具设计有三个模块的功能：注塑模向导、级进模向导、电极设计。用模具设计功能设计出模具后,再用 CAM 功能生成模具工作面和其他零件加工的程序,通过后处理转化成 NC 程序,再利用通讯功能(或用 DNC 方式)传送给数控铣床或加工中心进行加工。

14.4.5　波轮模型分模操作举例

下面举例介绍 UG 加工的一般流程:建模(调用模型)→分模→加工。

(1) 设计零件　用 UG CAD 功能设计零件模型或从产品数据库中直接调出。在本书中如调出第 10 章中构建的洗衣机波轮,如图 10.60 所示。

(2) 利用 UG 模具设计功能的注塑模向导功能生成凹凸模,如图 14.18 所示。

① 从指定文件夹打开波轮模型,如图 14.18 所示的中间的零件模型。

② 点击命令菜单的"应用模块"命令,在工具栏点击"注塑模"功能按钮,进入注塑模向导功能模块,弹出注塑模向导工具条,如图 14.19 所示。

图 14.18　由模型生成的凹凸模

图 14.19　注塑模向导工具条

③ 单击工具栏的"初始化项目"功能键,弹出初始化项目对话框,如图 14.20 所示。项目设置:路径 C:\Users...,名称波轮分模(练习时自行设定路径)。

图 14.20　初始化项目

图 14.21　模具 CSYS

④ 单击工具栏的"模具坐标系"功能键,弹出模具坐标系对话框,如图 14.21 所示。根据需要选择模具的中心位置,如选用"当前 WCS",直接按"确定"即可。

⑤ 单击工具栏的"工件"功能键,弹出"工件"对话框。设定模腔、模芯的总毛坯尺寸(工程中,根据实际毛坯定尺寸设定,本例设定为600×600×100)。

图 14.22　零件毛坯

设定:工件方法:用户定义的块;尺寸定义类型:参考点,指定点:(0,0,0);设定尺寸的具体数值如图 14.23 所示。

图 14.23　设定总毛坯尺寸的工件对话框

图 14.24　分模毛坯

按"确定"。显示透明的尚未分模的毛坯块,如图 14.24 所示。

⑥ 点击工具栏的"定义区域"功能按钮,弹出定义区域对话框,如图 14.25(a)所示。

(a)

(b)

图 14.25　定义型腔区域

在定义区域框组点击"型腔区域",在设置框组点击"创建区域""创建分型线"。选择作为型腔面的波轮表面,点击波轮实体上表面的一个面(面规则选择:相切面),要选取作为型腔的所有的上表面,如图 14.25(b)所示,按"应用",定义出型腔区域数量 113 个,如图 14.25(a)所示的数据。

(a)　　　　　　　　　　　　　　(b)

图 14.26　定义型芯区域

在定义区域框组点击"型芯区域",在设置框组点击"创建区域"。选择作为型芯面的波轮下表面(整个反面)。点击波轮反面上表面的一个面(面规则选择:相切面),要选取作为型芯的所有表面及边缘的侧面,如图 14.26(b)所示,按"应用",定义出型芯区域数量 114 个,如图 14.26(a)所示。按"取消"退出。

⑦ 点击工具栏的"设计分型面"功能按键,弹出"设计分型面"对话框,如图 14.27(a)所示。点击创建分型面组框的"有界平面"功能按钮,设定两个拉伸方向,第一方向的矢量设定为 XC 轴方向,第二方向的矢量设定为 YC 轴方向,分型面预览如图 14.27(b)所示,按"确定",分型面创建完成(分型面要大于毛坯的外形)。

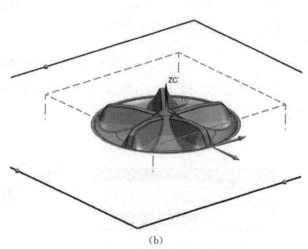

(a)　　　　　　　　　　　　　　(b)

图 14.27　定义分型面

⑧ 点击工具栏的"定义型腔和型芯"功能按键,弹出"定义型腔和型芯"对话框,如图 14.28
(a)所示。分型面如图 14.28(b)所示。

图 14.28　生成的分型面

　　点击"型腔区域",按"应用",弹出"查看分型结果"对话框,如图 14.29(a)所示,模腔正确
直接按"确定",就生成出模具的型腔,如图 14.29(b)所示。

图 14.29　生成的型腔模型

　　点击"型芯区芯",按"应用",弹出"查看分型结果"对话框,如图 14.30(a)所示,模腔正确
直接按"确定",就生成出模具的型芯,如图 14.30(b)所示。

图 14.30　生成的型芯模型

点击"文件"→"全部保存"命令,保存分模后生成的全部文件,保存的型腔和型芯如图 14.31 和图 14.32 所示。

图 14.31 波轮型腔模型　　　　　　图 14.32 波轮型芯模型

(3) 根据凹凸模的类型、形状和材料等情况,分析加工工艺,规划刀具路径、计算切削用量生成出加工用刀具路径。参见第 12 章中的 12.4 的波轮模具的模腔加工举例。

14.4.6　手机模型分模操作举例

① 调用第 10 章创建的手机模型。

② 点击工具栏的"应用模块"命令,在工具栏点击"注塑模"功能按钮,进入注塑模向导功能模块,弹出注塑模向导工具条,如图 14.33 所示。

图 14.33　注塑模向导工具条

② 单击工具栏的"初始化项目"功能键,弹出"初始化项目"对话框,如图 14.34 所示。项目设置:路径 C:\Users...,名称手机模型分模(练习时自行设定路径)。

图 14.34　初始化项目　　　　　　图 14.35　模具 CSYS

③ 单击工具栏的"模具坐标系"功能键,弹出"模具坐标系"对话框,如图 14.35 所示。

根据需要选择模具的中心位置,如选用"当前 WCS",直接按"确定"即可。

④ 单击工具栏的"工件"功能键,弹出"工件"对话框,如图 14.36(a)所示。设定模腔、模芯的毛坯尺寸。按"确定"。显示透明的尚未分模的毛坯块,如图 14.36(b)所示。

(a)　　　　　　　　　　　　　　　　　　(b)

图 14.36　零件毛坯

⑤ 点击工具栏的"检查区域"功能按钮,弹出"检查区域"对话框,如图 14.37 所示。检查产品实体、脱模方向,通常是不用修改,直接按"取消",退出。

图 14.37　"检查区域"对话框

⑥ 点击曲面补片按钮,弹出"边修补"对话框,如图 14.38(a)所示,类型:选择面,点击手机模型的上表面(自动选取所有通孔的上部边线),如图 14.38(b)所示。按"确定"按钮,补片完成,如图 14.39 所示。

(a)

(b)

图 14.38　边修补选取上表面

图 14.39　通孔补片

　　⑦ 定义型腔、型芯区域。点击工具栏的"定义区域"功能按钮,弹出"定义区域"对话框,如图 14.40(a)所示。在区域名称中选取型腔区域,在创建新区域的下部选取"选择区域面",在设置组框中,勾选"创建区域"以及"创建分型线",面规则选取"相切面",点击手机模型外表面(外表面变红色),点击"应用",定义出的型腔区域数量 25 个,如图 14.40(b)所示。

　　在定义区域框组点击型芯区域,在定义区域的下半部选取"选择区域面",在设置框组中,勾选"创建区域",面规则选择:相切面,点击手机模型外表面以外的所有其余表面(键盘孔的内侧面、显示窗的内侧面、手机底面、内腔的所有表面变成蓝色),如图 14.41(b)所示,点击"应用"定义出的型腔区域数量 37 个,如图 14.41(a)所示。按"确定"。

（a）　　　　　　　　　　　　　　　（b）

图 14.40　定义型腔区域

（a）　　　　　　　　　　　　　　　（b）

图 14.41　定义型芯区域

　　⑧ 点击工具栏的"设计分型面"功能按键，弹出"设计分型面"对话框，如图 14.42（a）所示。点击创建分型面组框的"拉伸"功能按钮，点击拉伸方向的"矢量"对话框，弹出矢量对话框，定义拉伸方向，为 XC 轴方向，按"确定"，返回"设计分型面"对话框，如图 14.42（b）所示。点击创建分型面组框的"有界平面"功能按钮，按"确定"，分型面创建完成。如图 14.43 所示。

（a）　　　　　　　　　　　　　　　　　（b）

图 14.42　定义分型面

图 14.43　生成的分型面

⑨ 点击工具栏的"定义型腔和型芯"功能按键,弹出"定义型腔和型芯"对话框,区域选择中选择"型腔区域",设置组框的缝合公差为"0.100",如图 14.44(a)所示。

(a)　　　　　　　　　　　　　　　　　(b)

图 14.44　定义型腔面

点击"应用",弹出"查看分型结果"对话框,模腔正确直接按"确定",就生成出模具的型腔,如图 14.45 所示。

(a)　　　　　　　　　　　　　　(b)

图 14.45　生成的型腔模型图

重新弹出"定义型腔和型芯"对话框,区域选择中选择"型芯区域",如图 14.46 所示。

(a)　　　　　　　　　　　　　　　　(b)

图 14.46　定义型芯区域

　　点击"应用",弹出"查看分型结果"对话框,模腔正确直接按"确定",就生成出模具的型芯,如图 14.47 所示。

(a)　　　　　　　　　　　　　　　　　　(b)

图 14.47　生成的型芯模型

　　点击"文件"→"保存"→"全部保存"命令,保存分模后生成的全部文件。生成的模腔和模芯并列排放如图 14.48 所示。

图 14.48　手机模型分模后的型腔和型芯

附录 常用切削用量表

表 1 H7 与 H8 级精度孔加工方式及余量(在实体材料上加工) （mm）

加工孔的直径	直 径							
	钻		粗加工		半精加工		精加工	
	第一次	第二次	粗镗	或扩孔	粗铰	或半精镗	精铰	或精镗
3	2.9		—	—	—	—	3	
4	3.9		—	—	—	—	4	
5	4.8		—	—	—	—	5	
6	5.0		—	5.85	—	—	6	—
8	7.0		—	7.85	—	—	8	—
10	9.0		—	9.85	—	—	10	—
12	11.0		—	11.85	11.95	—	12	—
13	12.0		—	12.85	12.95	—	13	—
14	13.0		—	13.85	13.95	—	14	—
15	14.0		—	14.85	14.95	—	15	—
16	15.0		—	15.85	15.95	—	16	—
18	17.0		—	17.85	17.95	—	18	—
20	18.0		19.8	19.8	19.95	19.90	20	20
22	20.0		21.8	21.8	21.95	21.90	22	22
24	22.0		23.8	23.8	23.95	23.90	24	24
25	23.0		24.8	24.8	24.95	24.90	25	25
26	24.0		25.8	25.8	25.95	25.90	26	26
28	26.0		27.8	27.8	27.95	27.90	28	28
30	15.0	28.0	29.8	29.8	29.95	29.90	30	30
32	15.0	30.0	31.7	31.75	31.93	31.90	32	32
35	20.0	33.0	34.7	34.75	34.93	34.90	35	35
38	20.0	36.0	37.7	37.75	37.93	37.90	38	38
40	25.0	38.0	39.7	39.75	39.93	39.90	40	40
42	25.0	40.0	41.7	41.75	41.93	41.90	42	42
45	30.0	43.0	44.7	44.75	44.93	44.90	45	45
48	36.0	46.0	47.7	47.75	47.93	47.90	48	48
50	36.0	48.0	49.7	49.75	49.93	49.90	50	50

表2 车削碳钢、合金钢的切削速度

加工材料	硬度 HB	切削速度 V =（m/min）	
		高速钢车刀	硬质合金车刀
碳 钢	125～175	36	120
	175～225	30	107
	225～275	21	90
	275～325	18	75
	325～375	15	60
	375～425	12	53
合金钢	175～225	27	100
	225～275	21	83
	275～325	18	70
	325～375	15	60
	375～425	12	45

表3 铣削时的切削速度

加工材料	硬度 HB	切削速度 V(m/min)	
		高速钢铣刀	硬质合金铣刀
低碳钢 中碳钢	125～175	24～42	75～15
	175～225	21～40	70～125
	225～275	18～36	60～115
	275～325	15～27	54～90
	325～375	9～21	45～75
	375～425	7.5～15	36～60
高碳钢		21～36	75～135
		18～33	68～120
		15～27	60～105
		12～21	53～90
		9～15	45～68
		6～12	36～54
合金钢	175～225	21～36	75～130
	225～275	15～30	60～120
	275～325	12～27	55～100
	325～375	7.5～18	37～80
	375～425	515	30～60
高速钢	200～250	12～23	45～83
灰铸铁	100～140	24～36	110～150
	150～190	21～30	68～120
	190～220	15～24	60～105
	220～260	9～18	45～90
	260～320	4.5～10	21～30

续表 3

加工材料	硬度 HB	切削速度 V(m/min)	
		高速钢铣刀	硬质合金铣刀
可锻铸铁	110～160	42～60	105～210
	160～200	24～36	83～120
	200～240	15～24	72～120
	240～280	9～21	42～60
铸 低碳	100～150	18～27	63～105
中碳	100～160	18～27	68～105
钢	160～200	15～24	60～90
	200～225	12～21	53～75
高碳	180～240	9～18	53～80
铝合金		180～300	360～600
钼合金		45～100	120～190
镁合金		180～270	150～600

表 4　高速钢铣刀的每齿走刀量 S_z　　　　　　（mm/齿）

加工材料	硬度 HB	立铣刀	端面铣刀
低碳钢	～150	0.12～0.2	0.15～0.3
	150～200	0.12～0.2	0.15～0.3
	120～180	0.12～0.2	0.15～0.3
中高碳钢	180～220	0.12～0.2	0.15～0.25
	220～300	0.07～0.15	0.1～0.2
合金钢含碳	125～170	0.12～0.2	0.15～0.3
量小于 3%	170～220	0.1～0.2	0.15～0.25
	220～280	0.07～0.12	0.12～0.2
	280～320	0.05～0.1	0.07～0.12
合金钢含碳	170～220	0.12～0.2	0.15～0.25
量大于 3%	220～280	0.07～0.15	0.12～0.2
	280～320	0.05～0.12	0.07～0.12
		0.05～0.1	0.05～0.1
工具钢	200～250	0.07～0.13	0.12～0.2
	250～300	0.05～0.1	0.01～0.12
灰铸铁	150～180	0.2～0.3	0.2～0.35
	180～220	0.15～0.25	0.15～0.3
	220～300	0.1～0.2	0.1～0.15
可锻铸铁	110～160	0.2～0.35	0.2～0.4
	160～200	0.2～0.3	0.2～0.35
	200～240	0.12～0.25	0.15～0.3
	240～300	0.1～0.2	0.1～0.2
铸　钢	100～180	0.12～0.2	0.15～0.3
	180～240	0.12～0.2	0.15～0.25
	240～300	0.07～0.15	0.1～0.2
锌合金		0.2～0.3	0.2～0.5

加工材料	硬度 HB	立铣刀	端面铣刀
铜合金	80～100	0.2～0.35	0.25～0.4
	100～150	0.15～0.28	0.25～0.4
	150～250	0.1～0.2	0.2～0.3
		0.2～0.35	0.3～0.55
铸铝合金		0.15～0.25	0.25～0.4
冷拉可锻铝合金		0.2～0.35	0.3～0.5
镁合金		0.25～0.4	0.3～0.55
不锈钢		0.15～0.2	0.2～0.3
硬橡皮及塑料		0.15～0.35	0.25～0.5

表 5　硬质合金铣刀的每齿走刀量 S_z　　　　　　（mm/齿）

加工材料	硬度 HB	端面铣刀	立铣刀
低碳钢	～200	0.2～0.5	0.12～0.3
中高碳钢	120～180	0.2～0.5	0.12～0.3
	180～220	0.15～0.5	0.10～0.25
	220～300	0.125～0.25	0.05～0.2
合金钢含碳量 <3%	125～170	0.15～0.5	0.10～0.3
	170～220	0.15～0.5	0.10～0.3
	220～280	0.1～0.3	0.05～0.25
	280～320	0.075～0.2	0.05～0.15
合金钢含碳量 >3%	170～220	0.125～0.5	0.10～0.3
	220～280	0.1～0.3	0.05～0.2
	280～320	0.075～0.2	0.05～0.15
	320～380	0.075～0.2	0.05～0.125
工具钢	退火状态	0.15～0.2	0.10～0.3
	RC 32 42	0.1～0.2	0.05～0.3
	RC 42 50	0.1～0.2	0.05～0.125
	RC 52 60	0.015～0.2	0.05～0.125
灰铸铁	150～180	0.2～0.5	0.10～0.3
	180～220	0.2～0.5	0.10～0.3
	220～300	0.15～0.3	0.10～0.2
可锻铸铁	110～160	0.2～0.5	0.10～0.3
	160～200	0.2～0.5	0.10～0.3
	200～240	0.15～0.5	0.1～0.25
	240～260	0.1～0.3	0.1～0.2
铸　钢	100～180		0.05～0.2
	180～240	0.15～0.5	0.12～0.3
	240～300	0.125～0.3	0.10～0.25
锌合金	0.2～0.5		0.05～0.2
	0.125～0.5	0.10～0.38	
铜合金	100～250	0.2～0.5	0.12～0.3
		0.15～0.35	0.10～0.25
铝合金、镁合金		0.2～0.5	0.12～0.3
不锈钢	0.15～0.38	0.10～0.3	
塑料及硬橡皮	0.15～0.38	0.10～0.3	

表6 硬质合金车刀粗车进给量

工件材料	工件直径 (mm)	切削深度		
		$t \leqslant 3$	$3 \leqslant t \leqslant 5$	$5 \leqslant t \leqslant 8$
		进给量 S_0(mm/r)		
碳素钢 合金钢	10	0.2~0.3		
	20	0.3~0.4		
	40	0.4~0.5	0.3~0.4	
	60	0.5~0.7	0.4~0.6	0.3~0.5
	100	0.6~0.9	0.5~0.7	0.5~0.6
灰铸铁 铜合金	40	0.4~0.5		
	60	0.6~0.8	0.5~0.8	0.4~0.6
	100	0.8~1.2	0.7~1.0	0.6~0.8

表7 硬质合金车刀粗车进给量

工件材料	表面粗糙度 $Ra(\mu m)$	切削速度 (m/min)	刀尖圆弧半径(mm)		
			0.5	1.0	2.0
			进给量 S_0(mm/r)		
铸铁 青铜 铝合金	10	不限	0.25~0.40	0.40~0.50	0.50~0.60
	5		0.12~0.25	0.25~0.40	0.40~0.60
	2.5		0.10~0.15	0.15~0.20	0.20~0.35
	10	≤50	0.30~0.50	0.45~0.60	0.55~0.70
		>80	0.40~0.55	0.55~0.65	0.65~0.70
	5	≤50	0.20~0.25	0.25~0.30	0.30~0.40
		>80	0.25~0.30	0.30~0.35	0.35~0.40
	2.5	≤50	0.10	0.11~0.15	0.15~0.20
		>80	0.10~0.20	0.16~0.25	0.25~0.35

参 考 文 献

[1] 史翔. 模具 CAD/CAM 技术及应用[M]. 北京:机械工业出版社,1998.

[2] 武藤一夫. 高精度 3 次元金型技术. CAD/CAE/CAM/CAT 入门[M]. 日刊工业新闻社,1995.

[3] 张世棋,孙宇. 现代制造导论 理念、模式、技术、应用[M]. 北京:兵器工业出版社,2000.

[4] 中国机械工业教学协会编. 数控加工工艺及编程[M]. 北京:机械工业出版社,2001.

[5] 任军学,田卫军. CAD/CAM 应用技术[M]. 北京:电子工业出版社,2001.

[6] 何涛. 模具 CAD/CAM[M]. 北京:北京大学出版社,2006.

[7] 康显丽,等. UGNX 中文版基础教程[M]. 北京:清华大学出版社,2008.

[8] 暴风创新科技. UGNX 从入门到精通[M]. 北京:人民邮电出版社,2008.

[9] 闫蔚. 机械 CAD/CAM 技术应用教程[M]. 北京:机械工业出版社,2010.

[10] 黄成,等. UGNX7.5 数控编程基础与典型范例[M]. 北京:电子工业出版社,2011.

[11] 缪德建. UGNX7.5 应用教程[M]. 南京:东南大学出版社,2012.

[12] 詹迪优. UGNX8.0 快速入门教程[M]. 北京:机械工业出版社,2015.

[13] 槐创峰,贾雪艳. UGNX10 中文版完全自学手册[M]. 北京:人民邮电出版社,2016.